总主编 伍 江 副总主编 雷星晖

刘玉柱 马在田 著

菲涅尔体地震层析成像理论与应用研究

Theory and Applications of Fresnel Volume Seismic Tomography

内 容 提 要

本书包括理论研究和应用研究两部分内容，利用菲涅尔体对复杂介质中地震波的传播进行更精确的描述，进而发展精度、分辨率更高的菲涅尔体地震层析成像理论、方法和技术，为地球内部结构研究、油气勘探以及工程探测等领域提供具有更高反演精度的地震层析技术。既有重要的理论意义，又有广泛的应用前景和现实意义。

图书在版编目(CIP)数据

菲涅尔体地震层析成像理论与应用研究/刘玉柱，马在田著. —上海：同济大学出版社，2017.8
(同济博士论丛/伍江总主编)
ISBN 978-7-5608-6947-6

Ⅰ. ①菲… Ⅱ. ①刘…②马… Ⅲ. ①地震层析成像—研究 Ⅳ. ①P631.4

中国版本图书馆 CIP 数据核字(2017)第 093346 号

菲涅尔体地震层析成像理论与应用研究

刘玉柱　马在田　著

出 品 人　华春荣　　责任编辑　郁　峰　卢元姗
责任校对　徐春莲　　封面设计　陈益平

出版发行　同济大学出版社　　www.tongjipress.com.cn
　　　　　(地址：上海市四平路 1239 号　邮编：200092　电话：021-65985622)
经　　销　全国各地新华书店
排版制作　南京展望文化发展有限公司
印　　刷　浙江广育爱多印务有限公司
开　　本　787 mm×1092 mm　1/16
印　　张　12.75
字　　数　255 000
版　　次　2017 年 8 月第 1 版　2017 年 8 月第 1 次印刷
书　　号　ISBN 978-7-5608-6947-6

定　　价　98.00 元

“同济博士论丛”编写领导小组

"同济博士论丛"编辑委员会

总序

在同济大学110周年华诞之际，喜闻“同济博士论丛”将正式出版发行，倍感欣慰。记得在100周年校庆时，我曾以《百年同济，大学对社会的承诺》为题作了演讲，如今看到付梓的“同济博士论丛”，我想这就是大学对社会承诺的一种体现。这110部学术著作不仅包含了同济大学近10年100多位优秀博士研究生的学术科研成果，也展现了同济大学围绕国家战略开展学科建设、发展自我特色，向建设世界一流大学的目标迈出的坚实步伐。

坐落于东海之滨的同济大学，历经110年历史风云，承古续今、汇聚东西，秉持“与祖国同行、以科教济世”的理念，发扬自强不息、追求卓越的精神，在复兴中华的征程中同舟共济、砥砺前行，谱写了一幅幅辉煌壮美的篇章。创校至今，同济大学培养了数十万工作在祖国各条战线上的人才，包括人们常提到的贝时璋、李国豪、裘法祖、吴孟超等一批著名教授。正是这些专家学者培养了一代又一代的博士研究生，薪火相传，将同济大学的科学研究和学科建设一步步推向高峰。

大学有其社会责任，她的社会责任就是融入国家的创新体系之中，成为国家创新战略的实践者。党的十八大以来，以习近平同志为核心的党中央高度重视科技创新，对实施创新驱动发展战略作出一系列重大决策部署。党的十八届五中全会把创新发展作为五大发展理念之首，强调创新是引领发展的第一动力，要求充分发挥科技创新在全面创新中的引领作用。要把创新驱动发展作为国家的优先战略，以科技创新为核心带动全面创新，以体制机制改革激发创新活力，以高效率的创新体系支撑高水平的创新型国家建设。作为人才培养和科技创新的重要平台，大学是国家创新体系的重要组成部分。同济大学理当围绕国家战略目标的实现，作出更大的贡献。

大学的根本任务是培养人才，同济大学走出了一条特色鲜明的道路。无论是本科教育、研究生教育，还是这些年摸索总结出的导师制、人才培养特区，"卓越人才培养"的做法取得了很好的成绩。聚焦创新驱动转型发展战略，同济大学推进科研管理体系改革和重大科研基地平台建设。以贯穿人才培养全过程的一流创新创业教育助力创新驱动发展战略，实现创新创业教育的全覆盖，培养具有一流创新力、组织力和行动力的卓越人才。"同济博士论丛"的出版不仅是对同济大学人才培养成果的集中展示，更将进一步推动同济大学围绕国家战略开展学科建设、发展自我特色、明确大学定位、培养创新人才。

面对新形势、新任务、新挑战，我们必须增强忧患意识，扎根中国大地，朝着建设世界一流大学的目标，深化改革，勠力前行！

万　钢

2017 年 5 月

论丛前言

承古续今，汇聚东西，百年同济秉持“与祖国同行、以科教济世”的理念，注重人才培养、科学研究、社会服务、文化传承创新和国际合作交流，自强不息，追求卓越。特别是近20年来，同济大学坚持把论文写在祖国的大地上，各学科都培养了一大批博士优秀人才，发表了数以千计的学术研究论文。这些论文不但反映了同济大学培养人才能力和学术研究的水平，而且也促进了学科的发展和国家的建设。多年来，我一直希望能有机会将我们同济大学的优秀博士论文集中整理，分类出版，让更多的读者获得分享。值此同济大学110周年校庆之际，在学校的支持下，“同济博士论丛”得以顺利出版。

“同济博士论丛”的出版组织工作启动于2016年9月，计划在同济大学110周年校庆之际出版110部同济大学的优秀博士论文。我们在数千篇博士论文中，聚焦于2005—2016年十多年间的优秀博士学位论文430余篇，经各院系征询，导师和博士积极响应并同意，遴选出近170篇，涵盖了同济的大部分学科：土木工程、城乡规划学（含建筑、风景园林）、海洋科学、交通运输工程、车辆工程、环境科学与工程、数学、材料工程、测绘科学与工程、机械工程、计算机科学与技术、医学、工程管理、哲学等。作为“同济博士论丛”出版工程的开端，在校庆之际首批集中出版110余部，其余也将陆续出版。

博士学位论文是反映博士研究生培养质量的重要方面。同济大学一直将立德树人作为根本任务，把培养高素质人才摆在首位，认真探索全面提高博士研究生质量的有效途径和机制。因此，“同济博士论丛”的出版集中展示同济大学博士研究生培养与科研成果，体现对同济大学学术文化的传承。

“同济博士论丛”作为重要的科研文献资源，系统、全面、具体地反映了同济大学各学科专业前沿领域的科研成果和发展状况。它的出版是扩大传播同济科研成果和学术影响力的重要途径。博士论文的研究对象中不少是“国家自然科学基金”等科研基金资助的项目，具有明确的创新性和学术性，具有极高的学术价值，对我国的经济、文化、社会发展具有一定的理论和实践指导意义。

“同济博士论丛”的出版，将会调动同济广大科研人员的积极性，促进多学科学术交流、加速人才的发掘和人才的成长，有助于提高同济在国内外的竞争力，为实现同济大学扎根中国大地，建设世界一流大学的目标愿景做好基础性工作。

虽然同济已经发展成为一所特色鲜明、具有国际影响力的综合性、研究型大学，但与世界一流大学之间仍然存在着一定差距。“同济博士论丛”所反映的学术水平需要不断提高，同时在很短的时间内编辑出版 110 余部著作，必然存在一些不足之处，恳请广大学者，特别是有关专家提出批评，为提高同济人才培养质量和同济的学科建设提供宝贵意见。

最后感谢研究生院、出版社以及各院系的协作与支持。希望“同济博士论丛”能持续出版，并借助新媒体以电子书、知识库等多种方式呈现，以期成为展现同济学术成果、服务社会的一个可持续的出版品牌。为继续扎根中国大地，培育卓越英才，建设世界一流大学服务。

伍　江

2017 年 5 月

前　言

地震层析成像技术在地球内部结构研究、油气勘探以及工程探测领域得到了广泛的应用。传统走时层析成像技术基于高频近似射线理论，造成射线路径沿高速区域优势采样，而没有考虑地震数据的有限频带特征，只能反演速度结构空间变化的低波数成分，导致反演精度不高，影响了对地球内部结构的深入认识，也阻碍了对油气储层的精细识别。波动方程地震层析尽管理论上反演精度更高，但地震子波反演困难、资料信噪比低、实际地震波传播的准确描述困难、反演非线性程度高、对初始模型要求严格等诸多现实问题严重制约了其在实际地震资料反演中的应用。为了发挥走时层析快速、稳定的优点，同时考虑地震波的有限频带特征，克服其对低速异常体的不敏感性，本书利用菲涅尔体对复杂介质中地震波的传播进行更精确地描述，进而发展精度、分辨率更高的菲涅尔体地震层析成像理论、方法和技术。为地球内部结构研究、油气勘探以及工程探测等领域提供具有更高反演精度的地震层析技术。因此，该项研究既有重要的理论意义，又具有广泛的应用前景和现实意义。

本书的研究内容包括理论研究与应用研究两部分。

理论研究主要体现在第2章，研究内容与取得的研究成果如下：

① 根据地震波传播的有限频理论，对于某个特定震相，不仅射线路径上的点对该观测信息具有影响，射线领域上的其他点对接收信息也具有影响，这种影响可以用核函数来表达。本书基于波动方程的Born近似与Rytov近似，给出了非均匀介质透射地震波振幅与走时菲涅尔体层析单频、带限核函数的计算方法。通过对均匀介质透射地震波菲涅尔体层析核函数解析表达式的理论模型实验与分析，给出了不同维度振幅、走时单频与带限菲涅尔体的空间分布范围与分布特征。尤其是在理论上导出，并不是任何情况下菲涅尔体的空间分布范围都等于$T/2$，不同维数、不同地震属性信息对应的菲涅尔体的空间分布范围是不同的。二维振幅、三维振幅、二维走时、三维走时菲涅尔体的空间分布范围分别为$T/8$,$2T/8$,$3T/8$与$4T/8$。同时，在理论上证明了传统射线层析成像方法与频率趋向于无穷时的菲涅尔体地震层析成像方法的等效性，进而对射线层析在以往的成功应用给出了解释。将本书的走时菲涅尔体层析成像方法应用于表层速度结构反演中，理论模型试验与实际资料处理结果表明，透射波菲涅尔体地震层析成像方法比传统的初至波射线层析成像方法具有更高的反演精度。② 考虑到反射波可以分解为上行与下行两个透射波，在透射菲涅尔体地震层析成像理论研究的基础上，本书又开展了反射菲涅尔体地震层析成像方法的研究。给出了反射波菲涅尔体边界的确定方法及层析核函数的计算方法，并总结了反射菲涅尔体的特征。理论模型实验同样证实了反射菲涅尔体层析相对于反射射线层析的优越性。③ 本书通过对波前弥合现象的分析定性地对透射波射线走时层析、菲涅尔体走时层析成像方法的反演能力进行了评价，指出射线走时层析方法只能反演出高速异常体，菲涅尔体走时层析方法只能反演出大尺度异常体，低速小尺度异常体无法用基于射线或有限频的透射波走时层析成像方法反演出来，该结论在理论模型上得到了验证。书中同时总结了

波在小尺度异常体中的传播特征，指出香蕉-甜饼圈(Banana-doughnut)现象是波前弥合现象导致的，尤其是指出地震波在低速异常体中会反复震荡，震荡过程中不断散射能量，在传播方向与反传播方向上表现为两个次级源激发。当异常体很小时，前后激发的波前面重合，异常体表现为一个单一的次级源，形成散射。④ 在前人方法的基础上，提出了计算菲涅尔体地震层析成像分辨率的优化方法。通过理论模型实验，对地面观测系统与井间观测系统的菲涅尔体地震层析成像分辨率规律进行了总结，进而提出了变网格层析成像方法的模型剖分策略。⑤ 总结了分别基于运动学射线追踪与动力学射线追踪快速计算格林函数的方法。尤其是提出采用高斯束近似计算傍轴格林函数，进而弥补目前动力学射线追踪只能计算射线路径上格林函数的缺点，同时克服了双程波或单程波波动方程数值计算格林函数效率低、占用内存大的缺点。

菲涅尔体地震层析成像理论的应用研究在第一部分的理论模型实验与实际资料处理中有所体现，但由于其过于琐碎，且技术性较强，谈不上创新，所以没有在本书的第一部分中较多地进行叙述。但本书的第3章与第4章对应用研究部分加以了详细的叙述。需要注意的是，本部分所研究的方法或策略并不完全针对菲涅尔体地震层析成像方法，对基于射线理论的层析成像方法同样适用。主要研究内容及取得的成果如下：① 通过对初至层析目标函数的性态分析，总结了地震层析成像对初始模型的依赖性，进而提出了基于先验模型的层析初始模型建立方法。② 为了缓解地震层析成像的多解性及不稳定性，增强对先验信息的有效利用，在前人给出的地震层析成像正则化方法的基础上，本书对地震层析成像中的先验信息进行了分类，并提出了相应的正则化方法。尤其是提出了针对不等式约束的罚函数正则化方法。③ 基于层析中使用的初至数据范围与不同深度层析反演精度关系的经验认识，本书提出采用多偏移距范围(MOR)层析反演策略以提高表层建模精度。考虑到多偏移距范围反演策略实质上是根据偏移距信息对数据的一种加权实现，本书进一步提出了偏移距加权初至层析成像方法。④ 为了对反射层析中速度、反射界面深度进行解耦，本书提出结合零偏(近偏)剖面的速度、深度交替迭代逐层反演的反射层析反演策略。⑤ 为了有效利用更多的观测数据反演表层速度结构，提出了反射、初至串联的联合层析反演策略。⑥ 为了减小静校正误差，同时为了能够直接在起伏基准面上进行成像，本书提出了高频静校正方法及相应基准面的确定方法。提出的上述应用研究方法或策略都在理论模型或实际资料处理中进行了测试，其有效性得到了证实。⑦ 本书根据整理出的 3 419 次震级在 5.5 级以上 1 411 695 台站次地震记录中的初至 P 波到达时信息进行了全球层析成像应用研究。该研究成功展示了典型的全球动力学特征，同时给出了一些新的认识。

不妨将融合了菲涅尔体概念的有限频理论称为菲涅尔体理论。如本书理论部分所述，菲涅尔体不单是一种空间范围，而是具有某种属性信息的两点间某一特定震相地震波主能量的传播范围。除本书的菲涅尔体地震层析成像方法外，菲涅尔体理论还提供了一种新的地震波传播描述手段，还可以应用于有限频地震偏移成像及速度分析等。因此，菲涅尔体理论对地震波的正反演皆有重要的指导作用。本书研究的只是菲涅尔体理论在地震层析成像反演方法中的应用，因此需要继续研究的内容还很多。即使本书专门针对的是菲涅尔体地震层析成像理论与方法研究，但该研究仍然不够深入与全面。如本书理论研究部分没有给出菲涅尔体走时的计算方法，没有进行振幅(另一非常重要的地震属性信息)菲涅尔体地震层析成像方法的应用研究，应用研究部分的三维菲涅尔体地震层析成像的计算量仍然很大，难以反演得到精细的三维速度结构。所有这些不完善或尚未开展的工作将在以后的短期、中期和长期研究工作中完成。

目 录

第1章 引言

1.1 研究背景

地震层析成像技术在地球内部结构研究、油气勘探以及工程探测领域得到了广泛的应用。传统的走时层析成像技术基于高频近似射线理论,造成射线路径沿高速区域的优势采样,而没有考虑地震数据的有限频特征,只能反演速度结构空间变化的低波数成分,导致反演精度不高,影响了对地球内部结构的深入认识,也阻碍了对油气储层的精细识别。

波动方程地震层析尽管理论上反演精度更高,但地震子波反演困难、资料信噪比低、实际地震波传播的准确描述困难、反演的非线性程度高、对初始模型要求严格等诸多现实问题严重制约了其在实际地震资料反演中的应用。

在复杂介质中,波路径比较复杂,可能包含多个路径,代表了不同频率地震波能量的传播,它们共同决定了某个震相的走时和波形。因此,对带限地震波而言,为了发挥旅行时层析快速、稳定的优点,同时克服其对低速异常体的不敏感性,通过菲涅尔体对复杂介质中传播的地震波进行更精确地描述,进而发展精度、分辨率更高的菲涅尔体地震层析成像理论、方法和技术。为地球内部结构研究、油气勘探以及工程探测提供具有更高反演精度的地震层析技术。

地震层析成像的成功应用与否，不仅依赖于方法所基于的理论，它同时受反演策略、反演流程甚至众多反演参数的影响，即地震层析成像是一种应用性较强的方法。尽管前人对地震层析成像的应用研究做了较多的工作，但仍有潜在的方法、策略性的应用研究值得挖掘。

因此，该项研究有重要的理论意义与应用价值。

1.2 研究现状

国内外学者对地震层析成像的理论研究做了大量的工作。以下是从传统的射线层析，到波动方程层析，到胖射线、高斯束层析，到有限频层析，及其相互交叉的研究历程。

目前，地震层析成像技术主要包括走时层析和波形层析。传统的地震走时层析成像技术主要是通过解释地震波到达时，或者利用地震波某一震相信号的时差来反演地下介质属性分布。除较少反演介质 Q 值的研究外[1,2]，基本上是反演介质的速度分布[3-7]。传统的走时层析成像技术的目标函数与速度摄动之间为拟线性关系，非线性程度较弱，对初始模型要求不高。由于其相对的高效性，目前在勘探地震以及地球内部结构研究中得到最广泛的应用。目前，全球不同区域的地下结构主要是通过地震波走时层析成像建立起来的，这些认识对于研究地球起源、转换单元以及板块构造运动机制均有重要意义[8-13]；在勘探地震学领域[14]，走时层析成像技术也被广泛应用，如利用初至波或折射波走时反演近地表速度结构[15-19]、利用反射波走时反演中深层速度[20]、利用井间透射波走时反演两井之间储层的精细结构[21, 22]、利用 VSP 资料中的下行或上行地震波走时反演井旁有限区域的速度结构[23]、利用共成像点道集进行叠前深度偏移剩余曲率速度分析[24-26]等。

走时层析成像技术基于高频射线理论，必然造成射线路径沿高速区域的优势采样，导致反演精度不高[27]，只能反演速度空间变化的低波数成分。尽管反演的这个平滑背景速度基本可以满足深度偏移成像要求，但其空间分辨率较低的现实影响了对地球壳幔结构的精细认识[28]，也阻碍了对油气储层的细致识别。目前的基于射线理论的走时正演方法[30-32]均假定地震波是无限频率，传播路径是无限窄的，地震波在介质分界面处传播遵循 Snell 定律。但是，根据惠更斯原理，地震波能量可以沿两点之间所有可能的路径传播，包括那些并不遵循 Snell 定律的传播路径。实际上，不同频率地震波传播路径也不同，有限频带内地震波主能量传播路径并非是无限窄的单一射线，而是一个管状空间范围[33]。

为此，一些学者提出了“波路径”的概念，以替代传统走时层析成像中的“射线路径”[34, 35]。“波路径”更准确地描述了地震信号对介质速度结构的灵敏度，与传统射线路径相比，波路径对低速区域具有更大的依赖性，改善了高频射线路径对高、低速区域采样的差异所产生的问题[36]。

与“波路径”对应的就是波动方程层析成像。20 世纪 80 年代就已经提出了波动方程层析成像方法[35, 37-43]。由于波动方程层析不需要高频以及弱散射近似，在理论上比旅行时层析具有更高的反演分辨率。如果观测孔径足够大，波动方程层析反演的空间分辨率可以达到波长的 1/3[44]。波动方程层析可以在频率域实现[37, 40, 45]，其优点是可以只利用几个频率成分[46]，效率相对较高，可以方便地考虑地震波随频率的不同衰减。但所利用的频率需要精心选择[47]，起伏地表问题也比较难处理；也可以在时间域实现，从而方便地处理地表起伏问题，但效率比较低[48-50]。

波动方程层析尽管在理论上具有更高的反演分辨率，但需要计算地震波的正向传播以及剩余波场的反向传播，还要计算二者的相关沿时间的积分，计算效率很低[51]。其反演的目标函数和速度摄动之间表现为强烈的非线性关系，对初始模型要求很高，再加上地震子波反演困难、地震信号的信噪比较低、实际地震波传播难以准确描述等诸多现实问题，严重制约了波动方程层析在实际地震反演中的应用。

为了解决传统射线层析和波动方程全波形层析中的上述问题，国内外学者一直在寻求一些折中的层析反演方法。

常规的基于高频射线理论的走时层析成像是一个典型的病态问题，层析矩阵非常稀疏，存在较大的零空间，从而影响了反演的精度。为了应对零空间问题，一般在层析反演过程中加入先验信息，即对这个病态的反演系统进行正则化[52]。但正则化系数的选择是个两难的问题，太小不足以解决零空间问题，所需迭代次数也比较多;太大又会降低层析反演的分辨率，导致反演结果过于平滑。为此发展了 Fat Ray 走时层析，它可以降低层析矩阵的稀疏程度，提高反演的稳定性和分辨率。Xu 等[53]利用 Fat Ray 的思路对一个理论模型进行了层析速度分析，得到了比常规射线层析更精确的反演结果。但 Fat Ray 的思路只是增加了高频射线的宽度，其实质就是利用加权平均对层析过程进行正则化约束，没有从地震波传播的物理本质上考虑波的传播路径。另外，Luo 及 Schuster[54]发展了时—空域波动方程走时层析方法(WT)，该方法通过将剩余走时沿波路径反向传播来重建速度场。Schuster 及 Aksel[55]利用波动方程而不是高频近似射线追踪来计算地震波旅行时及其 Frechet 导数。波动方程走时层析既继承了走时层析的稳健性，又克服了常规射线层析中的高频假设，也不需要拾取地震波旅行时。但仍属走时层析范畴，分辨率仍然不高。再如，在反演近地表速度结构时，发展的初至波形层析[44,49]既可以得到较高的反演分辨率，又具有初至走时反演的稳定性。由于只拟合初至波形，与全波形层析相比，多解性相对较弱，一定程度上提高了反演过程的收敛性。但实际中的许多地震波传播现象目前仍难以较好模拟，如表层吸收问题、面波的复杂散射问题、子波估计问题等。上述问题的存在，决定了初至波形层析目前仅处于理论研究阶段，实际中难以取得理想效果。

为了发挥走时层析快速、稳定的优点，同时克服其对低速异常体的不敏感性，一些学者提出了准菲涅尔体地震层析成像方法。

在 Hagedoorn[56]给出的地震射线束概念的基础上，Kravtsov 及 Orlov[34]首先给出了地震波菲涅尔体的概念，而Červený及 Soares[57]首次用傍轴近似方法计算了菲涅尔体，并定义了菲涅尔椭圆和菲涅尔半径等概念。Moser[58]利用对初至波形有贡献的所有路径进行旅行时层析。Harlan[59]用菲涅尔带的宽度作为平滑函数来对速度模型进行约束。Michelena 及 Harris[60]利用高斯束作为射线的胖度进行胖射线层析成像反演。Vasco 等[61]将地震波走时与菲涅尔椭圆和菲涅尔半径联系起来进行地震走时层析。然而，在计算带限地震波菲涅尔带波路径时，上述研究只利用了旅行时时差小于二分之一主频周期的那些空间路径[57]，而没有考虑地震数据带限的现实。同时，上述研究在层析反演过程中，利用垂直于傍轴射线的菲涅尔椭圆面积对走时进行加权平均，而忽略了相邻高速、低速异常体对地震波的散射影响，这样必然影响层析反演的精度。

因此，从地震波传播的物理本质出发，并考虑地震数据的多频特征，利用动力学射线追踪，将地震走时、振幅和波形等观测信息结合起来，深入研究菲涅尔体地震层析成像的理论和方法非常必要。国内目前还没有发现基于波动方程、利用菲涅尔体进行层析成像方面的研究。

地震信号具有一定的频带宽度，不仅高频射线路径上的介质性质会影响地震波的传播，射线附近的介质特征也同样会对地震波的传播产生影响。只有定量地描述出空间中每一点对接收信息的影响程度才有可能得到更加精确的反演结果。在地震层析成像中，这种影响可以用层析核函数来描述。层析核函数又称为 Fréchet 核函数[39]。理论研究表明，影响地震波传播的主要区域集中于射线邻域的第一菲涅尔体内[35, 57]。为简单起见，下文中将第一菲涅尔体称为菲涅尔体，将传统射线层析中的单位矩阵替换为菲涅尔体范围内的层析核函数的地震层析成像方法称为菲涅尔体层析成像。菲涅尔体范围约束下的层析核函数即为菲涅尔体层析核函数。

自从 Slaney 等[62]对均匀介质中 Born 近似与 Rytov 近似散射层析进行了深入的分析对比研究后，大量学者对 Fréchet 核函数与菲涅尔体层析成像方法进行了研究。Wu 及 Toksöz[40]，Woodward[35]，Snieder 及 Lomax[63]，Marquering 等[29]在理论上建立了 Rytov 波场与 Born 散射场之间的关系，并导出了相位与振幅扰动与 Born 散射场之间的定量表达式。Marquering 等[28]，Spetzler 及 Snieder[64, 65]进一步分别从不同的角度出发建立了均匀介质情况下单频、带限旅行时层析核函数，并描述了该层析核函数的特点。在这些工作的基础上 Dahlen 等[66]，Dahlen[67]，Hung 等[68]，Zhang 等[69]沿用 Marquering 等[28, 29]的方法导出了非均匀介质情况下单频、带限菲涅尔体走时层析核函数的计算方法，并研究了该核函数的特点。但上述对核函数的分析仍不够深入与全面。

上述主要是对地震层析成像的理论研究。在地震层析成像方法的应用研究方面，国内外学者也做了很多工作，以期望在理论基础保持不变的情况下扩大层析成像的应用范围，或通过完善参数、流程、策略进一步提高层析成像反演的精度、稳定性和分辨率。在扩展性应用研究方面，本节的第一段已有论述。完善性应用研究也很多，如 Clap 等[70]使用正则化方法将地层倾角信息融入反演算法中，在提高反演精度的同时也提高了反射层析的收敛性；Fomel[71]采用正则化方法实现了层析过程中对模型进行平滑处理，而且平滑算子可以按照要求任意设定，理论模型测试取得了较好的效果；笔者和董良国[19]对初至波层析成像反演表层速度结构的影响因素进行了详细的分析；陈国金等[72]给出了初至波层析成像初始模型的选取方法；杨锴等[73]提出了将地震层析成像与基准面延拓相结合的表层校正方法；Zhou[74]提出了利用多重网格实现多尺度地震层析成像的方法；Zhou[75]，Zhou 等[76]提出了约束可形变层析静校正方法；Li 等[77]提出联合初至与浅层反射同时进行表层层析静校正的方法。

1.3 研究内容

本文的研究内容可以分为理论研究和应用研究两部分。

理论研究部分主要在第 2 章叙述，包括以下研究内容：

(1) 基于地震波的有限频理论，系统研究了菲涅尔体地震层析成像方法，并对单频与带限菲涅尔体进行了重新定义，深入研究了菲涅尔体的性质。本文最后通过理论模型实验与实际资料处理，将该方法与传统的射线层析方法进行了对比，验证了菲涅尔体地震层析成像的良好效果；

(2) 在透射波菲涅尔体地震层析成像理论及方法研究的基础上，提出并研究了反射波菲涅尔体地震层析成像方法，并进行了相应的理论模型实验；

(3) 通过对波前弥合现象的分析定性地对射线层析、菲涅尔体层析成像方法的反演能力进行了评价，并在理论模型上对其进行了验证。同时总结了波在小尺度异常体中的传播特征；

(4) 在前人提出的方法的基础上，提出了计算菲涅尔体地震层析成像分辨率的优化方法。通过理论模型实验，对地面观测系统和井间观测系统的菲涅尔体地震层析成像分辨率规律进行了总结，进而提出了变网格层析成像方法的模型剖分策略；

（5）总结及研究了分别基于运动学射线追踪与动力学射线追踪快速计算格林函数的方法。

第3章与第4章为本文的应用研究部分。但所研究的方法或策略并不完全针对菲涅尔体地震层析成像方法，对基于射线理论的层析成像方法同样适用。主要研究内容如下：

（1）通过对初至层析目标函数性态分析，总结了地震层析成像对初始模型的依赖性，进而提出了基于先验模型的层析初始模型建立方法；

（2）在前人给出的地震层析成像正则化方法的基础上，本文对地震勘探中的先验信息进行了分类，并提出了相应的正则化方法；

（3）为了提高表层建模精度，本文提出了偏移距加权地震层析成像方法；

（4）为了对反射层析中速度、反射界面深度进行解耦，结合零偏或近偏剖面，本文提出了速度、深度交替迭代逐层反演的反射层析策略；

（5）为了利用更多的观测数据反演表层速度结构，提出了反射、初至“串联”的联合层析反演策略；

（6）为了减小静校正误差，同时为了能够直接在起伏基准面上进行成像，本文提出了高频静校正方法及相应基准面的确定方法；

（7）为了验证研究方法在三维情况下的有效性及对全球层析的适用性，本文根据地震台站接收记录的P波到达时进行了全球层析成像应用研究，并对反演结果进行了尝试性解释。

第2章

菲涅尔体地震层析成像理论与方法

作为论文的核心部分，本章系统阐述了菲涅尔体地震层析成像理论的导出过程，菲涅尔体地震层析成像方法的实现及其优点。因为菲涅尔体地震层析成像方法源于波动方程层析成像的线性近似，因此，本章第1节首先介绍波动方程的线性近似；第2节介绍菲涅尔体地震层析成像理论的导出过程。考虑到核函数是菲涅尔体地震层析成像的核心，第2节在重点介绍透射菲涅尔体地震层析成像方法的同时，详细介绍了核函数的性质及其对地震层析成像的指导作用；菲涅尔体地震层析成像理论同样适用于反射波情况，因此，第3节介绍了反射菲涅尔体地震层析成像方法；第4节与第5节介绍菲涅尔体地震层析成像方法的反演能力与反演分辨率；格林函数是核函数计算的重点，因此，第6节给出了基于射线理论的格林函数快速计算方法。菲涅尔体地震层析成像方法的应用在理论阐述部分有所介绍，此外，第3章及第4章的更多部分将对该方法的应用进行叙述。

2.1 波动方程地震层析成像

根据第1章知道，传统的地震层析成像理论及方法是基于无限高频假设的射线理论。考虑到地震波传播的有限频特征，是否可以根据波动理论导出类似于射线层析方程的波动层析方程呢？答案是肯定的。Woodward[35]根据波动方程的 Born 近似与 Rytov 近似给出了波场扰动与介质扰动之间的线性关系。为了导出第 2 节的菲涅尔体地震层析成像理论，下面简要叙述波动层析方程的推导过程及相应的波路径的概念。

2.1.1 波动方程的 Born 近似与 Born 波路径

波动方程在频率域的表达形式如公式(2-1)所示：

$$\left(\Delta+\frac{\omega^2}{V^2}\right)\psi(\vec{r},\omega)=0 \tag{2-1}$$

式中，ω 为圆频率；V 为介质速度；Δ 为 Laplace 算子；ψ 为频率域地震波场。设介质无扰动时的波场为 $\psi_0(\vec{r},\omega)$，介质扰动后的波场为 $\psi(\vec{r},\omega)$，介质微小扰动 $\Delta V(\vec{r})$ 引起的扰动波场为 $\Delta\psi(\vec{r},\omega)$，则它们的关系可以表达为公式(2-2)的形式。将公式(2-2)代入公式(2-1)，得到扰动波场的解析表达式如(2-3a)所示：

$$\Delta\psi(\vec{r},\omega)=\psi(\vec{r},\omega)-\psi_0(\vec{r},\omega) \tag{2-2}$$

$$\Delta\psi(g\mid s)=\int O(\vec{r})\cdot G_0[g\mid\vec{r}]\cdot[\psi_0(\vec{r}\mid s)+\Delta\psi(\vec{r}\mid s,O(\vec{r}))]\mathrm{d}\vec{r} \tag{2-3a}$$

式(2-3b)中，$O(\vec{r})$为与介质扰动有关的目标函数；G_0 为无扰动介质格林函数；$V_0(\vec{r})$为无扰动介质速度；k_0 为无扰动介质的波数。

$$O(\vec{r})=\omega^2\left[\frac{1}{V_0^2}-\frac{1}{V^2}\right]=\frac{\omega^2}{V_0^2}\left[1-\frac{V_0^2}{V^2}\right]\approx 2k_0^2(\vec{r})\frac{\Delta V(\vec{r})}{V_0(\vec{r})} \tag{2-3b}$$

参考图 2-1，不难给出公式(2-3a)的物理解释。即震源点 s 在接

收点 g 的扰动波场 $\Delta\psi(g|s)$ 等于介质中每个点 r 的介质扰动 $O(\vec{r})$ 在 g 点产生的扰动波场 $\Delta\psi(g\mid r)$ 的总和，而扰动点 r 产生的扰动波场 $\Delta\psi(r)$ 等于 s 在 r 点产生的波场 $\psi_0(\vec{r}\mid s)$ 与 r 的介质扰动 $O(\vec{r})$ 的乘积，r 点在 g 点产生的扰动波场 $\Delta\psi(g\mid r)$ 又等于 r 点的扰动场 $\Delta\psi(r)$ 与 r 到 g 的格林函数 $G_0[g\mid r]$ 的乘积。

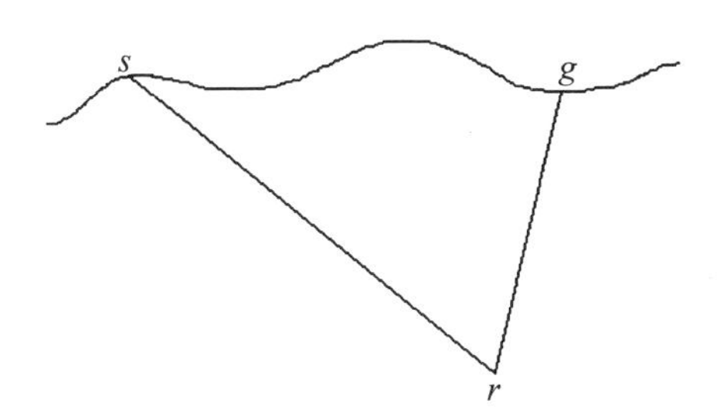

图2-1　扰动波场的物理解释示意图

设

$$\zeta[\vec{r}\mid s, g, V(\vec{r})] = 2k_0^2(\vec{r})G_0[\vec{r}\mid g]\cdot[\psi_0(\vec{r}\mid s) + \Delta\psi(\vec{r}\mid s, O(\vec{r}))] \tag{2-4}$$

则公式(2-3a)可以表达为更加简洁的形式(式(2-5))：

$$\Delta\psi(g\mid s) = \int\frac{\Delta V(\vec{r})}{V(\vec{r})}\zeta[\vec{r}\mid s, g, V(\vec{r})]\mathrm{d}\vec{r} \tag{2-5}$$

对比公式(2-5)与射线层析方程(2-14)，不难发现二者具有相似的表达形式。但公式(2-5)中扰动波场 $\Delta\psi$ 与介质扰动 $\Delta V(\vec{r})$ 并不是线性的。Born 近似假设 $\psi_0(\vec{r}\mid s)\gg\Delta\psi(\vec{r}\mid s, O(\vec{r}))$，即扰动场相对于无扰动场很小，则

$$\zeta_0[\vec{r}\mid s, g] = 2k_0^2(\vec{r})G_0[\vec{r}\mid g]\cdot\psi_0(\vec{r}\mid s), \tag{2-6}$$

$$\Delta\psi(g\mid s) = \int\frac{\Delta V(\vec{r})}{V(\vec{r})}\zeta_0[\vec{r}\mid s, g]\mathrm{d}\vec{r}。 \tag{2-7}$$

公式(2－7)即为 Born 近似波动层析方程。ζ_0称为 Born 波路径，它反映了扰动波场 $\Delta\psi$ 与介质扰动 $\Delta V(\vec{r})$之间的近似线性关系。

在几个理论模型上计算得到的 Born 波路径如图 2－2—图 2－4 所示。可以发现，波路径反映了激发点与接收点之间可能的所有震相信息。采用方程(2－7)进行层析成像反演类似于波动方程的全波形反演，它同样也受到波形反演诸多现实因素的影响而限制了其实际应用。但只针对某个特定震相进行波动层析成像反演是可行的。只针对某个特定震相的波动层析成像即为菲涅尔体地震层析成像，将在以下的章节中阐述。

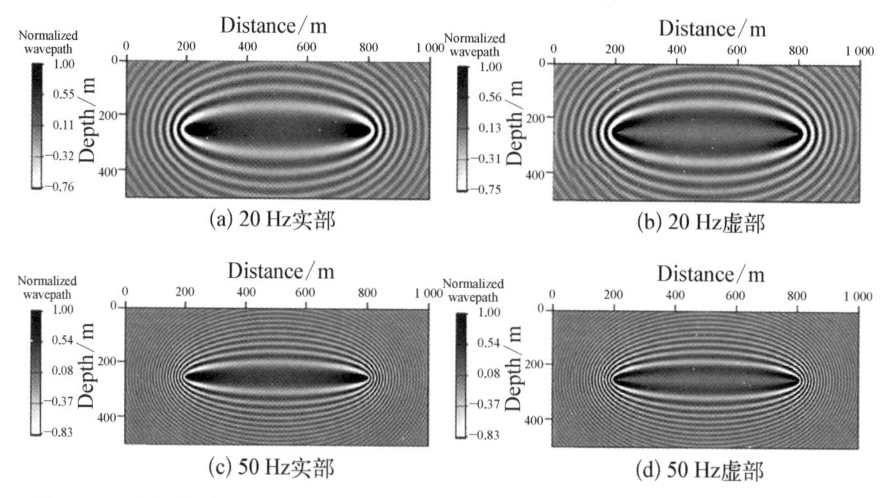

图 2－2 均匀介质 Born 波路径，激发点位于(200,250)处，接收点位于(800,250)处

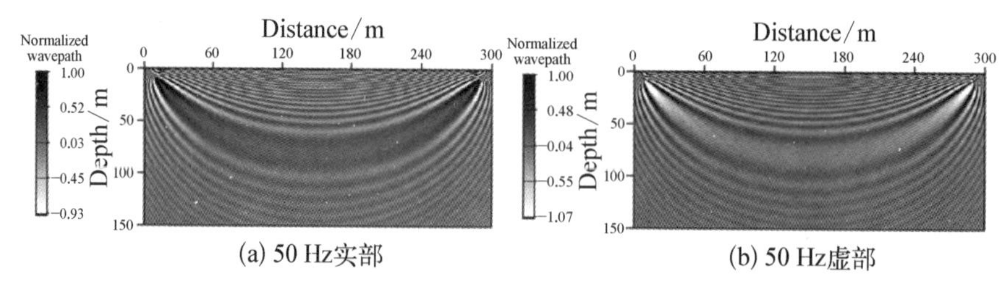

图 2－3 垂向等梯度介质 Born 波路径，激发点位于(5,5)处，接收点位于(295,5)处

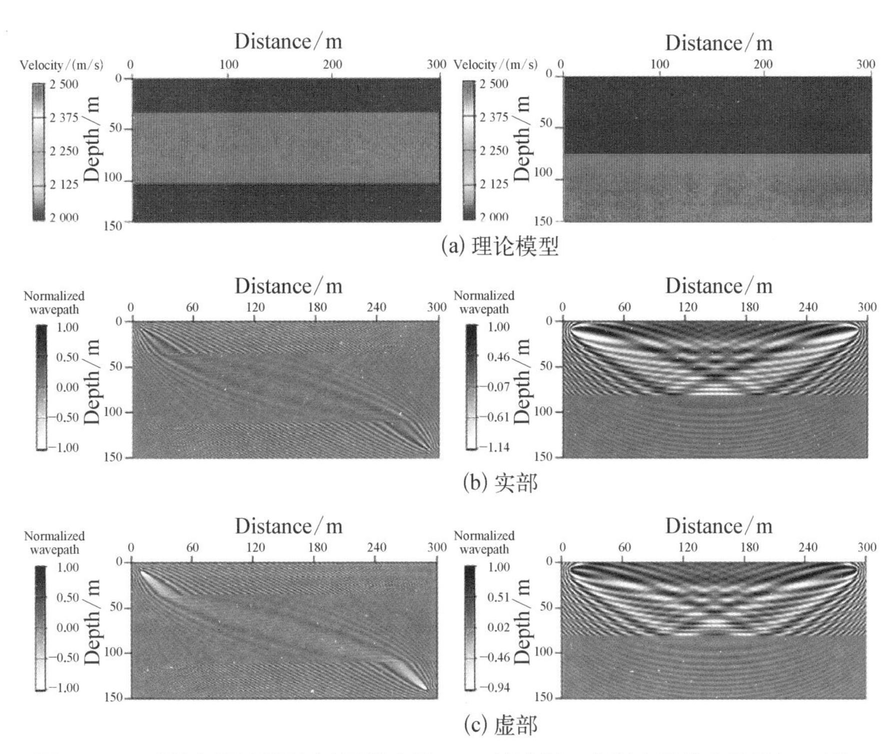

(a) 理论模型

(b) 实部

(c) 虚部

图 2-4　三层(左)及两层(右)层状介质 Born 波路径。左图中激发点位于(5,5)处，接收点位于(295,145)处，频率为 50 Hz；右图中激发点位于(5,5)处，接收点位于(295,5)处，频率为 30 Hz

2.1.2　波动方程的 Rytov 近似与 Rytov 波路径

波动方程层析成像也可以在 Rytov 近似下导出。无扰动波场可以表达为公式(2-8)的形式：

$$\psi_0(\vec{r},\ \omega)=A_0(\vec{r},\ \omega)\exp[i\Phi_0(\vec{r},\ \omega)] \tag{2-8}$$

式中，A_0 为无扰动振幅场；Φ_0 为无扰动相位场，皆为实数。设 Rytov 波场可以表达为

$$\psi(\vec{r},\ \omega)=A_0(\vec{r},\ \omega)\exp[i\Phi_0(\vec{r},\ \omega)+\Delta\Phi(\vec{r},\ \omega)] \tag{2-9}$$

式中，$\Delta\Phi$ 为介质扰动产生的扰动波场，它既包含了振幅扰动场，也包含了相位扰动场，因此为复数。根据公式(2-8)、公式(2-9)易得

$$\Delta\Phi(\vec{r},\ \omega)=\ln[\psi(\vec{r},\ \omega)]-\ln[\psi_0(\vec{r},\ \omega)] \tag{2-10}$$

将式(2-8)、式(2-9)、式(2-10)代入式(2-1),可得

$$\Delta\Phi(g\mid s)=\int\frac{G_0[g\mid\vec{r}]\cdot\psi_0[\vec{r}\mid s]}{\psi_0[g\mid s]}\{O(\vec{r})+[\nabla\Phi[\vec{r}\mid s,\ O(\vec{r})]]^2\}\mathrm{d}\,\vec{r} \tag{2-11}$$

式中,∇ 为一阶梯度算子。在 Rytov 近似条件下,即$[\nabla\Phi[\vec{r}\mid s,\ O(\vec{r})]]^2\ll 0$,公式(2-11)简化为

$$\Delta\Phi(g\mid s)\approx\int O(\vec{r})\frac{G_0[g\mid\vec{r}]\cdot\psi_0[\vec{r}\mid s]}{\psi_0[g\mid s]}\mathrm{d}\,\vec{r}=\int\frac{\Delta V(\vec{r})}{V(\vec{r})}\zeta[\vec{r}\mid s,\ g]\mathrm{d}\,\vec{r} \tag{2-12}$$

其中,

$$\zeta[\vec{r}\mid s,\ g]=2k_0^2(\vec{r})\frac{G_0[\vec{r}\mid g]\cdot\psi_0(\vec{r}\mid s)}{\psi_0(g\mid s)} \tag{2-13}$$

易见,式(2-7)、式(2-12)与式(2-14)具有十分相似的表达形式。式(2-13)即为 Rytov 近似波动层析方程。ζ 称为 Rytov 波路径,它反映了扰动相位场与介质扰动之间的近似线性关系。公式(2-12)同样具有类似于公式(2-3a)的明确的物理解释,即震源 s 在接收点 g 的扰动相位场等于介质中每一个空间点 r 的介质扰动在 g 点产生的扰动波场与接收点 g 的无扰动波场之比的总和,而扰动点 r 产生的扰动波场等于 s 在 r 点产生的波场与目标函数的乘积,r 点在 g 点产生的扰动波场又等于 r 点的扰动场与 r 到 g 的格林函数的乘积。

在几个理论模型上计算得到的 Rytov 波路径如图 2-5—图 2-7 所示。可以发现,波路径反映了激发点与接收点之间可能的所有震相信息。采用方程(2-12)进行层析成像反演类似于波动方程的全波形反演,它同样也受到波形反演诸多因素的影响而限制了其实际应用。但只针

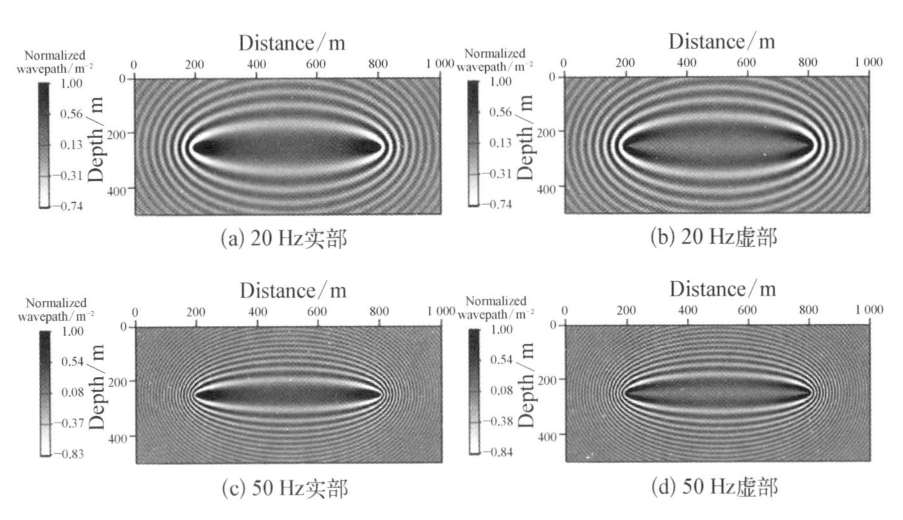

(a) 20 Hz实部　(b) 20 Hz虚部

(c) 50 Hz实部　(d) 50 Hz虚部

图 2-5　均匀介质 Rytov 波路径,激发点位于(200,250)处,接收点位于(800,250)处

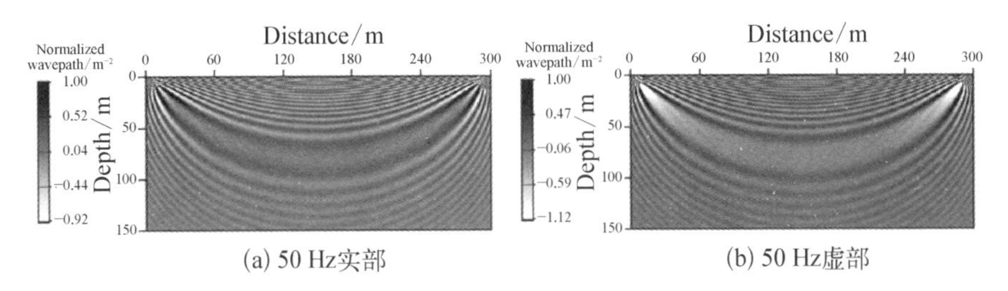

(a) 50 Hz实部　(b) 50 Hz虚部

图 2-6　垂向等梯度介质 Rytov 波路径,激发点位于(5,5)处,接收点位于(295,5)处

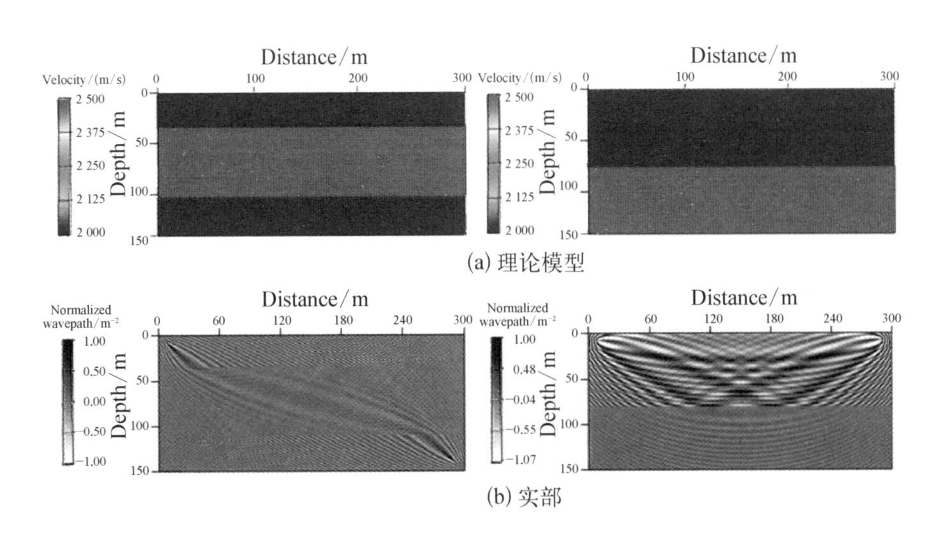

(a) 理论模型

(b) 实部

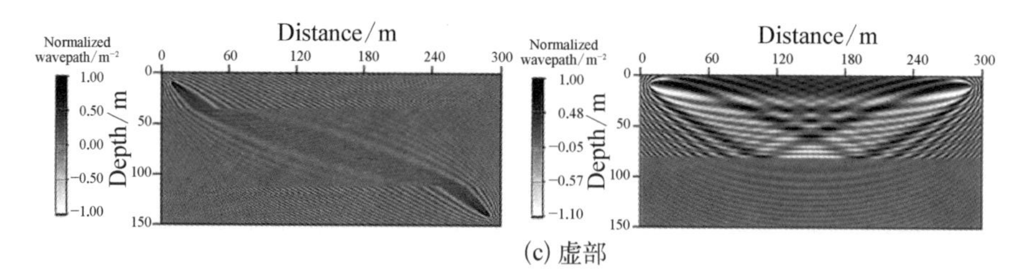

(c) 虚部

图 2-7 三层(左)及两层(右)层状介质 Rytov 波路径。左图中激发点位于(5,5)处，接收点位于(295,145)处，频率为 50 Hz;右图中激发点位于(5,5)处，接收点位于(295,5)处，频率为 30 Hz

对某个特定震相进行波动层析成像反演是可行的。只针对某个特定震相的波动层析成像即为菲涅尔体地震层析成像，将在以下的章节中阐述。

2.2 透射波菲涅尔体地震层析成像

2.2.1 菲涅尔体层析方程

基于射线理论的初至波走时延迟 $\Delta\tau$ 可以表达为以下形式[4]：

$$\Delta\tau = \int_{\Gamma} \Delta s(r)\mathrm{d}r, \tag{2-14}$$

式中，$\Delta s(r)$ 为射线路径 Γ 上 r 处的慢度扰动。对式(2-14)进行离散即得到层析成像线性方程组。式(2-14)表明只有射线路径上的点对接收的走时信息具有影响，而且射线路径上的任意点对接收的走时信息具有相同的影响权重 1。

然而，根据地震波传播的有限频理论[28, 29, 35, 64-69]，对于某个特定震相的观测信息，不仅射线路径上的点对该信息具有影响，中心射线领域上的其他点对接收信息也具有影响，而且空间不同位置的点对接收信息的影响程度是不同的。这种影响可以用核函数来表达。因此，有限频地震波传播的振幅扰动 ΔA 可以表达为方程(2－15a)形式：

$$\Delta A = \int_V K_A(r)\Delta s(r)\mathrm{d}r \tag{2－15a}$$

式中，$K_A(r)$为振幅层析核函数。同样根据地震波传播的有限频理论，空间慢度扰动对接收的地震波走时也具有影响，该影响可以用核函数 $K_T(r)$来表达。因此，有限频地震波传播的走时延迟 $\Delta\tau$ 可以表达为类似于方程(2－15a)的形式：

$$\Delta\tau = \int_V K_T(r)\Delta s(r)\mathrm{d}r \tag{2－15b}$$

式(2－15a)与式(2－15b)中，V 为中心射线附近对初至信息贡献最大的邻域范围，即菲涅尔体。在本节第 2 部分将给出不同情况下振幅与走时层析核函数的计算方法，在本节第 3 部分将给出不同情况下振幅与走时菲涅尔体边界的确定方法。附录 A 中将给出射线走时层析与菲涅尔体走时层析的关系。

2.2.2　层析核函数的计算

地震波场振幅与相位的一阶扰动遵循 Rytov 近似。介质扰动前地震波场 u_0(以后简称背景波场)、一阶 Born 散射场 u_1、扰动后 Rytov 波场 u_R之间满足关系式(2－16)[63]：

$$u_R = u_0 \exp\left(\frac{u_1}{u_0}\right) \tag{2－16}$$

其中，u_0与 u_R如式(2－17)所示：

$$u_0 = A_0(\vec{r},\ \omega)\exp[i\varphi_0(\vec{r},\ \omega)] \tag{2－17a}$$

$$u_R = [A_0(\vec{r},\ \omega) + \Delta A(\vec{r},\ \omega)]\exp[i(\varphi_0(\vec{r},\ \omega) + \Delta\varphi(\vec{r},\ \omega))] \tag{2－17b}$$

式中，A_0为背景波场的振幅；φ_0为包含初相位信息的背景波场相位。将式(2－17)代入式(2－16)，得到振幅扰动 ΔA、相位扰动 $\Delta\varphi$ 与 Born 散射场 u_1之间的关系，见式(2－18)。注意式(2－17)中的 A_0、φ_0、ΔA、$\Delta\varphi$ 都是实数，而非复数。在 Born 近似 $\Delta A \ll A_0$ 条件下，方程(2－18)可以进一步简化为方程(2－19)：

$$\mathrm{In}\left(1+\frac{\Delta A}{A_0}\right)+i\Delta\varphi=\frac{u_1}{u_0} \tag{2-18}$$

$$\frac{\Delta A}{A_0}+i\Delta\varphi=\frac{u_1}{u_0} \tag{2-19}$$

因此，振幅扰动 ΔA、走时扰动 $\Delta\tau$ 与 u_1之间存在如下关系：

$$\Delta A = A_0\ \mathrm{Re}\{u_1/u_0\} \tag{2-20a}$$

$$\Delta\tau = \mathrm{Im}\{u_1/u_0\}/\omega。 \tag{2-20b}$$

式中，ω 为圆频率；Im 表示取复数的虚部；Re 表示取复数的实部。

根据 Snieder 及 Lomax[63]，Born 散射场可以用式(2－21)表达：

$$u_1(g,\ s)=\int_V \frac{2\omega^2\Delta s(r)}{v_0(r)}\cdot G_0(g,\ r)u_0(r,\ s)\mathrm{d}r \tag{2-21}$$

式中，$G_0(g,\ r)$为无扰动速度场 $v_0(r)$中 r 点在 g 处的格林函数。将式(2－21)代入式(2－20)，再根据式(2－15)，即得到单频振幅与走时层析核函数表达式：

$$K_A(r,\ \omega)=\frac{2\omega^2 A_0}{v_0(r)}\mathrm{Re}\left[\frac{G_0(g,\ r)u_0(r,\ s)}{u_0(g,\ s)}\right] \tag{2-22a}$$

$$K_T(r,\ \omega)=\frac{2\omega}{v_0(r)}\mathrm{Im}\left[\frac{G_0(g,\ r)u_0(r,\ s)}{u_0(g,\ s)}\right] \tag{2-22b}$$

由此可见，单频振幅与走时层析核函数的计算关键在于格林函数的求取与理论波场的合成。对于简单的情况，如均匀介质、脉冲点源情况下，可以在理论上得到核函数的解析表达式（见本节第 3 部分）。对于复杂的情况，则需要采用波动方程或动力学射线追踪利用式（2－22）数值计算菲涅尔体层析核函数。本节的透射波核函数格林函数采用频率域双程波波动方程计算得到，下一节反射核函数则采用局部均匀介质假设条件下的格林函数解析表达式计算得到。为了提高计算效率，第 4 章的三维透射波核函数则采用本章第六节介绍的动力学射线追踪高斯束方法计算得到。

考虑到观测数据具有一定的带宽，本文沿用 Spetzler 及 Snieder[64，65]的方法给出以下带限振幅与走时层析核函数表达式：

$$K_A(r) = \int_{\omega_1}^{\omega_2} P(\omega) K_A(r,\ \omega) \mathrm{d}\omega \tag{2-23a}$$

$$K_T(r) = \int_{\omega_1}^{\omega_2} P(\omega) K_T(r,\ \omega) \mathrm{d}\omega \tag{2-23b}$$

其中，$P(\omega)$ 为权系数，可以根据振幅谱或高斯公式计算得到。它满足关系式$\int_{\omega_1}^{\omega_2} P(\omega)\mathrm{d}\omega = 1$。本研究中，$P(\omega)$ 由高斯公式（2－24）计算得到：

$$P(f) = w(f) / \int_{f_1}^{f_2} w(f) \mathrm{d}f \tag{2-24a}$$

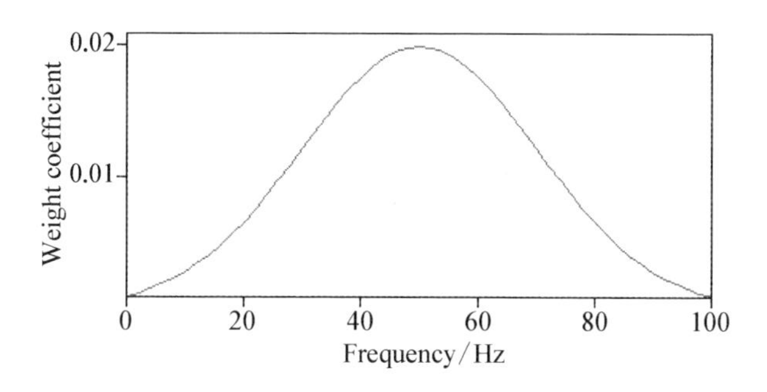

图 2－8　根据公式（2－24b）计算得到的加权函数曲线

$$w(f) = \frac{1}{\sigma\sqrt{2\pi}} e^{\frac{(f-f_0)^2}{2\sigma^2}}, \tag{2-24b}$$

式中，f 为圆频率；σ 为中心圆频率 f_0 附近具有较高能量的带宽展布范围。

2.2.3 层析核函数的性质及菲涅尔体边界的确定

菲涅尔体层析中的另一个主要问题是菲涅尔体边界 V 的确定。菲涅尔体大小与频率有关[57]，为了确定带限菲涅尔体的范围，本文首先考虑背景场为均匀介质，脉冲点源激发这一特殊情况下的单频与带限菲涅尔体边界的确定方法。

在上述特殊情况下，式(2－22)中的无扰动波场即为格林函数。根据均匀介质中格林函数解析表达式(2－25)即得到均匀介质、脉冲点源情况下单频振幅与走时层析核函数表达式(2－26)与式(2－27)(为方便对比分析，将其列于表2－1中)：

$$G_0^{2D}(g, s) = \frac{i}{4} H_0^{(1)}(k_0 \mid s-g \mid) \tag{2-25a}$$

$$G_0^{3D}(g, s) = \frac{e^{ik_0 \mid s-g \mid}}{4\pi \mid s-g \mid} \tag{2-25b}$$

表2－1 振幅与走时层析核函数表达式

维度	$K_A(r,\omega)$	$K_T(r,\omega)$
二维	$A_0(\omega, g \mid s)\sqrt{\frac{l_{sg}\omega^3}{2\pi v l_{rs} l_{rg}}}\cos\left(\omega\Delta t + \frac{\pi}{4}\right)$ 式(2－26a)	$\sqrt{\frac{l_{sg}\omega}{2\pi v l_{rs} l_{rg}}}\sin\left(\omega\Delta t + \frac{\pi}{4}\right)$ 式(2－27a)
三维	$A_0(\omega, g \mid s)\frac{l_{sg}\omega^2}{2\pi v l_{rs} l_{rg}}\cos(\omega\Delta t)$ 式(2－26b)	$\frac{l_{sg}\omega}{2\pi v l_{rs} l_{rg}}\sin(\omega\Delta t)$ 式(2－27b)

式(2－25a)为二维均匀介质格林函数解析表达式，s 表示激发点，$H_0^{(1)}$ 为第一类 0 阶 Hankel 函数。式(2－25b)为三维均匀介质格林函数解析表达式。在式(2－26)、式(2－27)中，l_{rs}，l_{rg}，l_{sg} 分别表示 r 到 s，r 到 g，s 到 g 的距离，Δt 为绕射射线($s \rightarrow r \rightarrow g$) 相对于中心射线($s \rightarrow g$) 的走时延迟，即 $\Delta t = (l_{rs} + l_{rg} - l_{sg})/v$。

图 2－9 所示为根据式(2－23)、式(2－26)、式(2－27)计算得到的均匀介质、点源激发情况下，不同维度振幅、走时带限层析核函数，它们由 0～100 Hz 之间每 2 Hz 离散采样的单频层析核函数高斯加权叠加得到。图 2－10 所示为图 2－9 中 x=500 m 处的垂向剖面，其中，蓝线为根据式(2－26)、式(2－27)计算得到的单频层析核函数剖面，红线为根据公式(2－23)对单频核函数进行高斯加权叠加得到的带限层析核函数剖面，绿线为 50 Hz 中心频率(主频)对应的单频层析核函数。可以发现，单频核函数在中心射线一定邻域范围内基本可以达到同相叠加，而在该范围之外则因异相叠加而相互抵消。因此，本文根据波的同相叠加原理[64, 65]将中

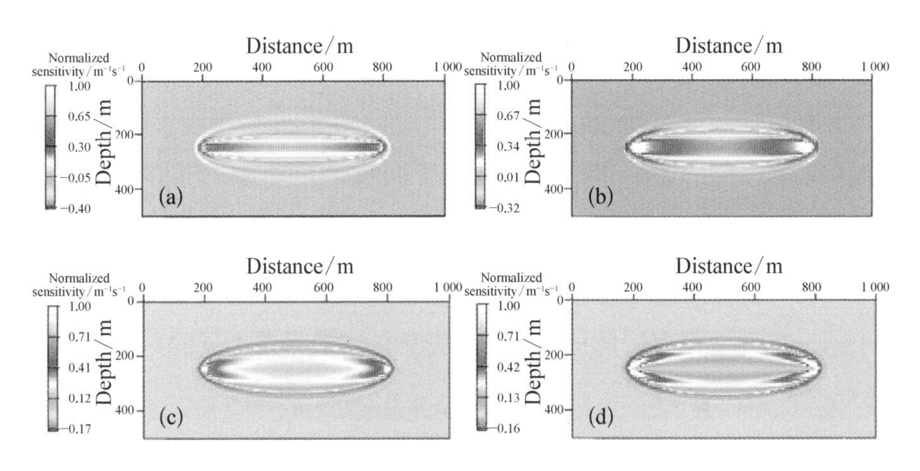

图 2－9　均匀介质点源激发情况下(a) 二维振幅、(b) 三维振幅、(c) 二维走时、(d) 三维走时带限层析核函数，由 0～100 Hz 之间每 2 Hz 离散采样的单频层析核函数高斯加权叠加得到。激发点位于(200, 250)m 处，检波点位于(800, 250)m 处。白色虚线为 50 Hz 中心频率对应的菲涅尔体范围

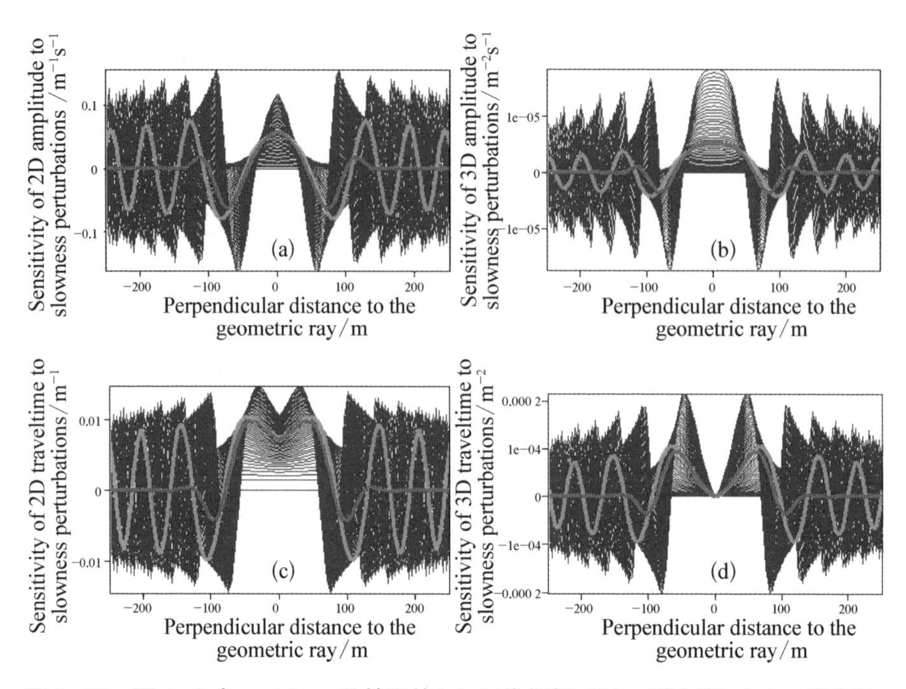

图 2-10 图 2-9 中 x=500 m 处抽取的(a) 二维振幅、(b) 三维振幅、(c) 二维走时、(d) 三维走时层析核函数垂向剖面。蓝线为 0～100 Hz 之间每 2 Hz 离散采样的单频层析核函数，红线为带限层析核函数，绿线为 50 Hz 主频对应的单频层析核函数

心射线邻域内核函数值大于零的范围定义为单频菲涅尔体范围。那么，结合式(2-26)、式(2-27)，不难得到不同情况下用绕射走时延迟 $\Delta t_{\max}$ 定义[57]的单频菲涅尔体的范围，如表 2-2 所示，其中 T 为地震波主频的周期。由表 2-2 可知，菲涅尔体的边界并不是任何情况下都等于 $T/2$，不同维数、不同地震属性信息对应的菲涅尔体的边界是不同的。相同维数

表 2-2 不同情况下带限菲涅尔体的空间分布范围

维度	振幅层析带限菲涅尔体	走时层析带限菲涅尔体
二维	$\Delta t_{\max} = T/8$	$\Delta t_{\max} = 3T/8$
三维	$\Delta t_{\max} = 2T/8$	$\Delta t_{\max} = 4T/8$

情况下，振幅层析菲涅尔体空间分布范围小于走时层析菲涅尔体空间分布范围。相同地震属性信息情况下，二维菲涅尔体空间分布范围小于三维菲涅尔体空间分布范围。只有三维走时层析菲涅尔体空间分布范围才等于 $T/2$。

在带限菲涅尔体地震层析成像中，带限菲涅尔体的边界很难根据某种原则进行确定，尤其当多路径存在时。因此，本文利用某个特定频率的单频菲涅尔体边界近似替代带限菲涅尔体边界。从图 2－10 可以发现，在中心频率对应的菲涅尔体范围内，绿线与红线可以很好地吻合，这说明将中心频率或主频对应的单频菲涅尔体范围作为带限菲涅尔体的边界是可行的。

因此，本文将满足表 2－2 边界条件的、具有式(2－22)所描述属性的单频层析核函数称为单频菲涅尔体层析核函数。为叙述方便，除特殊说明外，下文中有时又将单频菲涅尔体层析核函数简称为单频菲涅尔体。同理，本文将满足表 2－2 的中心频率边界条件的、具有式(2－23)所描述属性的带限层析核函数称为带限菲涅尔体层析核函数。为叙述方便，除特殊说明外，下文中有时又将带限菲涅尔体层析核函数简称为带限菲涅尔体。不难看出，无论是单频菲涅尔体还是带限菲涅尔体，描述的不仅是某一特定震相地震波的主能量的传播范围，而且是该范围内空间不同点的慢度扰动对接收信息的影响权重，该接收信息是这一特定震相的走时、振幅，甚至波形。

菲涅尔体层析核函数与炮检点的位置、介质速度结构、子波、频率等多个因素有关，在复杂介质情况下核函数也会很复杂，在某些情况下，甚至会存在多路径现象[57]。但根据 Liu 及 Dong[78]，平缓非均匀介质中，带限菲涅尔体边界仍然可以采用这一规则进行近似确定。缓变非均匀介质中的带限菲涅尔体数值模拟结果如图 2－11、图 2－12 所示。

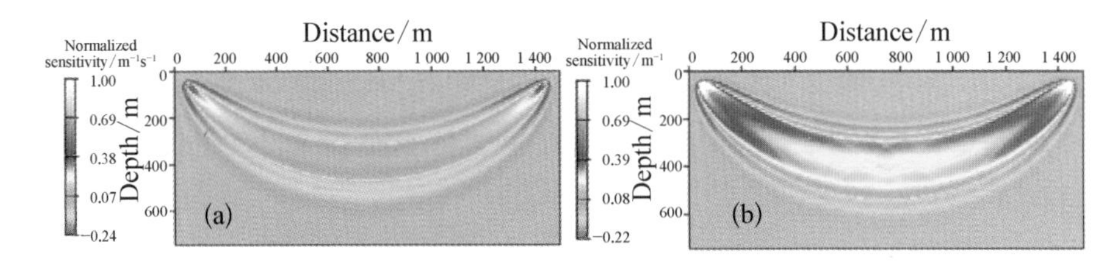

图 2-11　等梯度模型点源激发情况下(a) 二维振幅与(b) 二维走时带限层析核函数，由 0～100 Hz 之间每 2 Hz 离散采样的单频层析核函数高斯加权叠加得到。激发点位于(50, 50)m 处，检波点位于(1 450, 50)m 处。白色虚线为 50 Hz 中心频率对应的菲涅尔体范围

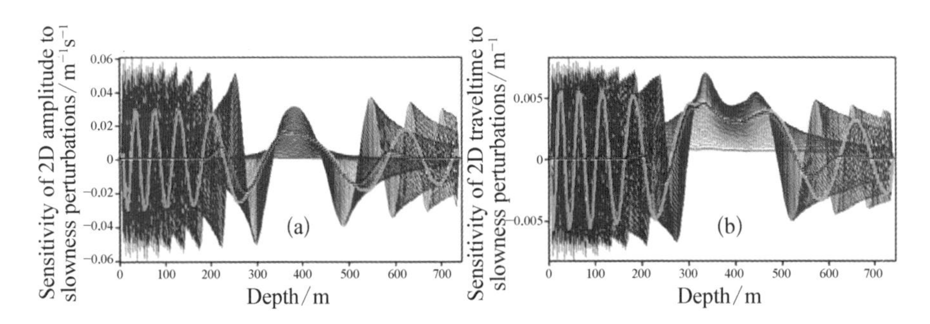

图 2-12　图 2-11 中 $x=750$ m 处抽取的(a) 二维振幅与(b) 二维走时层析核函数垂向剖面。蓝线为 0～100 Hz 之间每 2 Hz 离散采样的单频层析核函数，红线为带限层析核函数，绿线为 50 Hz 主频对应的单频层析核函数

2.2.4　实例

根据式(2-22)、式(2-23)计算得到菲涅尔体层析核函数之后，根据式(2-15)即可以进行初至波菲涅尔体振幅层析与走时层析。考虑到振幅层析与走时层析过程相同，而且振幅层析在实际应用中还面临很多与波形反演同样的实际应用问题(如低信噪比数据会影响有效信号振幅的正确拾取、吸收衰减与震源子波不明确影响理论波场的正确合成等)，因此，本文的数值实验部分只进行初至波菲涅尔体走时层析成像实验，并与传统的射线层析方法实验结果进行对比。

理论模型

本文设计的二维复杂地表理论模型如图 2-13 所示。模型离散为 4 001×75 个网格，采样间隔为 10 m×10 m，速度从 800 m/s 变化到 4 300 m/s。利用弹性波方程合成 640 炮记录，第一个激发点位于水平方向 5 000 m 处，激发点水平间隔 40 m，中间激发两边接收，接收点水平间距为 20 m，最大偏移距为 2 000 m，最小偏移距为零。图 2-14 所示为分别位于水平方向 9 000 m 与 26 000 m 处的两个单炮模拟记录的垂直分量。在模拟记录上拾取初至后分别进行初至波射线走时层析与初至

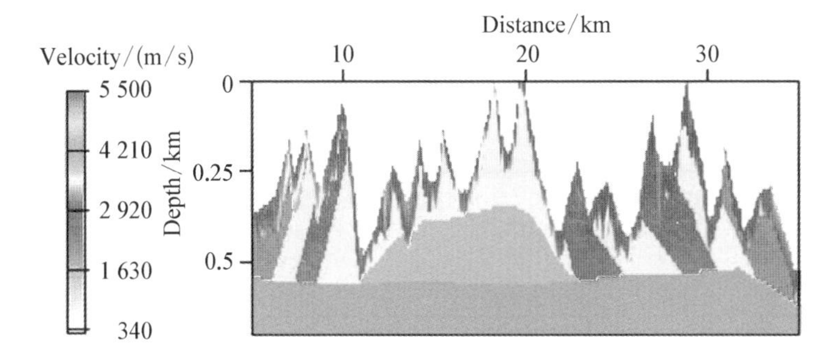

图 2-13　二维复杂起伏地表模型

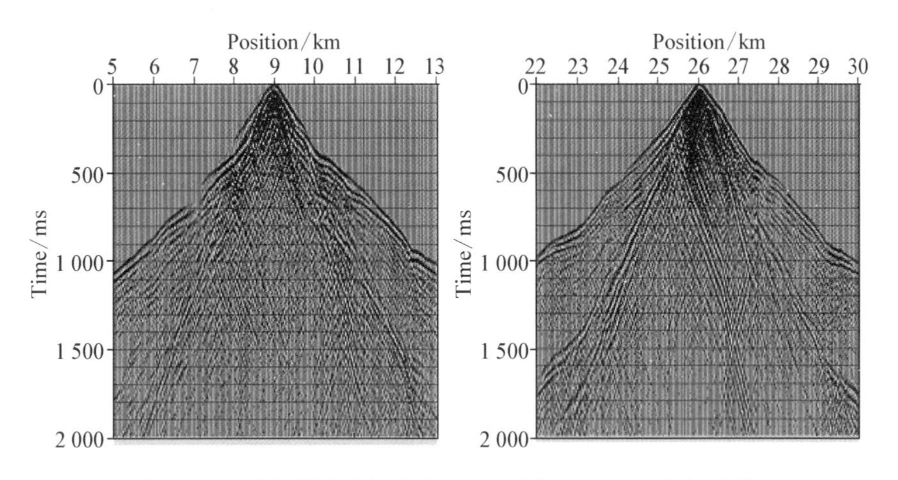

图 2-14　位于地表水平方向 9 000 m(左)、26 000 m(右)处的两个单炮记录的垂直分量

波菲涅尔体走时层析，反演结果如图 2 - 15 所示。为了定量对比两种层析方法在该理论模型上的反演效果，地表以下 0～160 m 不同深度处的速度剖面被提取出来，如图 2 - 16 所示。从图 2 - 15、图 2 - 16 可以看出，射线层析基本上可以准确地反演出模型的背景场信息，但对介质的高波数扰动不够敏感，而菲涅尔体层析成像方法在准确地反演出低波数成分的同时还可以准确地反演出较高波数的成分。

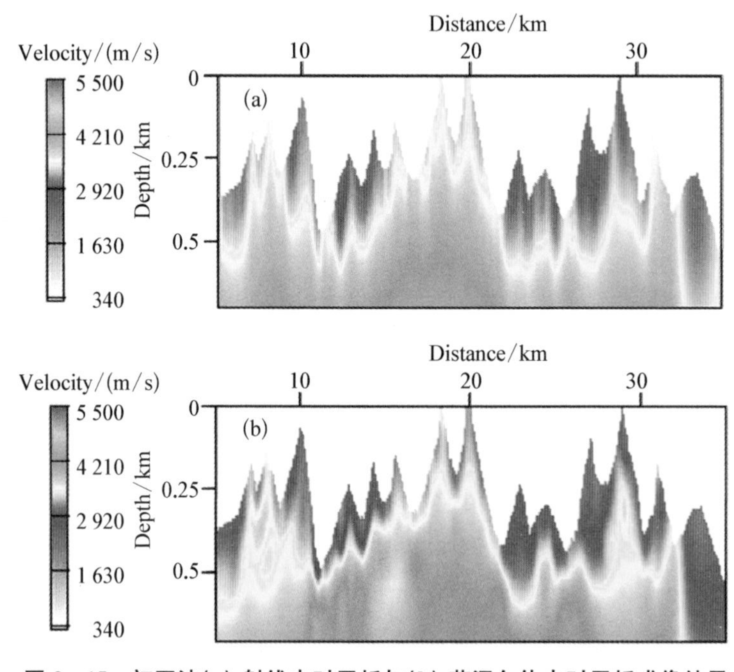

图 2 - 15　初至波(a) 射线走时层析与(b) 菲涅尔体走时层析成像结果

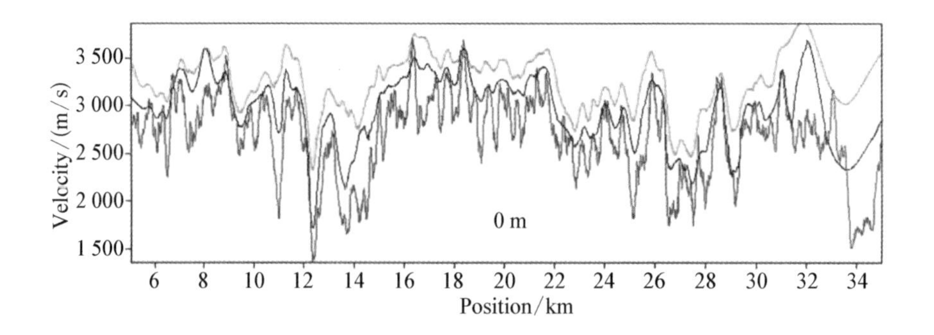

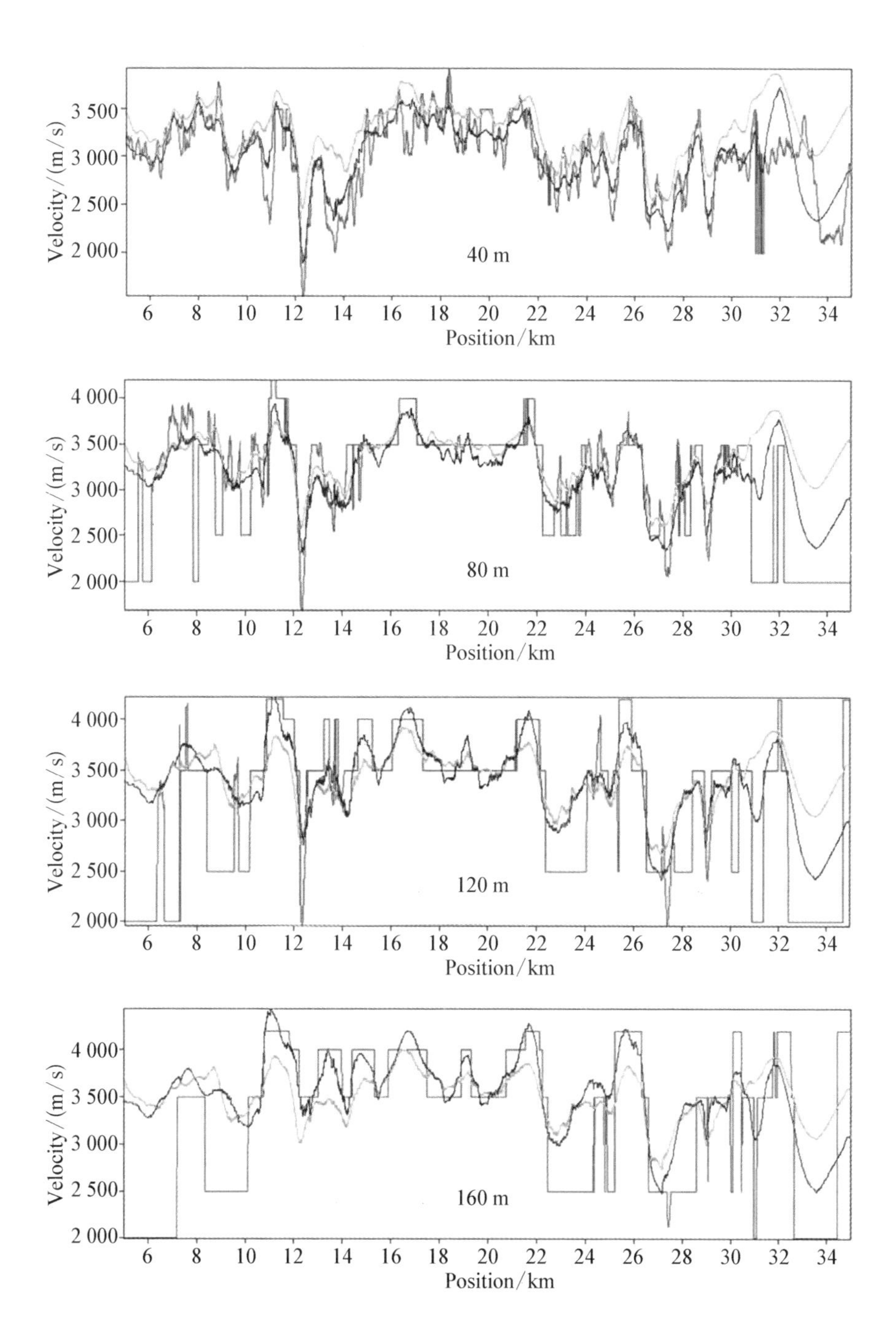

图 2-16　**理论模型(红线)、射线层析反演结果(绿线)、菲涅尔体层析反演结果(蓝线)地表以下 0～160 m 深度处的速度剖面对比图**

实际资料处理：

为了验证本文提出方法对实际资料的处理能力，本文对选取的西部某条二维测线进行了处理。该测线所在地区地形起伏严重，地表复杂，横向速度变化剧烈。测线长约 35 km，1 026 炮，炮间距与道距均为 30 m，模型离散间隔为 60 m×10 m。拾取 2 000 m 偏移距的初至数据进行两种层析方法的反演计算。图 2－17 展示了对该数据分别进行射线层析静校正与菲涅尔体层析静校正之后的叠加剖面。两图所反映的构造形态大体相同，但与图 a 相比，图 b 的信噪比更高一些，有效信号的连续性也更好一些，如图中 CDP 1647～2337 ms，1 500～2 500 ms 区域，图 b 出现了较为连续的同相轴，图 a 中则显得比较凌乱，甚至看不到同相轴；CDP 2797～3257 ms，3 000～4 500 ms 区域，图(b)的信噪比优于图(a)；CDP 3947～4407 ms，2 000～3 000 ms 区域，图(b)的背斜构造比图(a)更加明显。

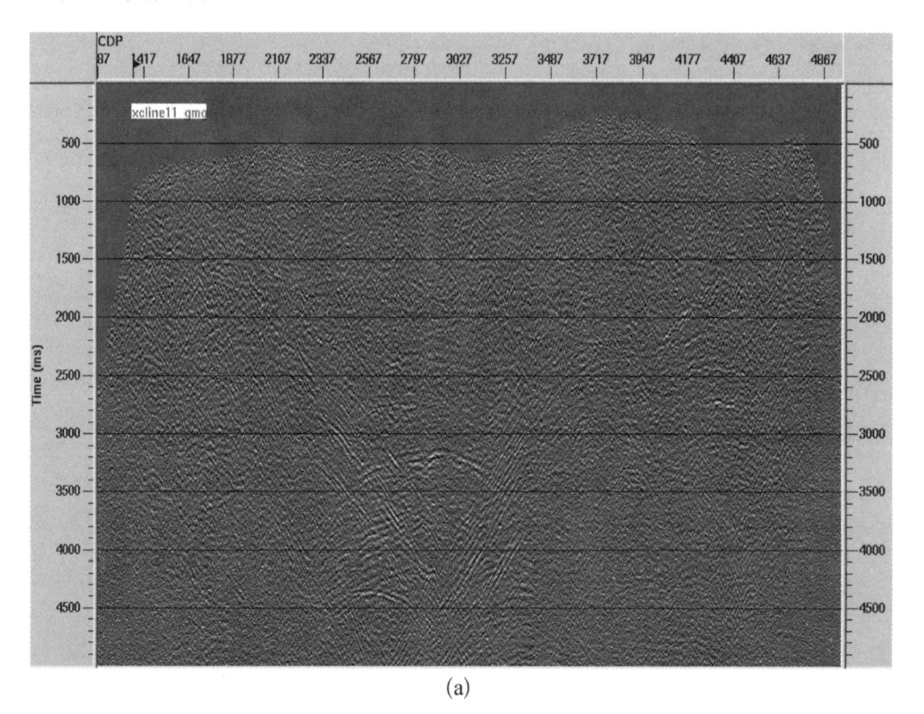

(a)

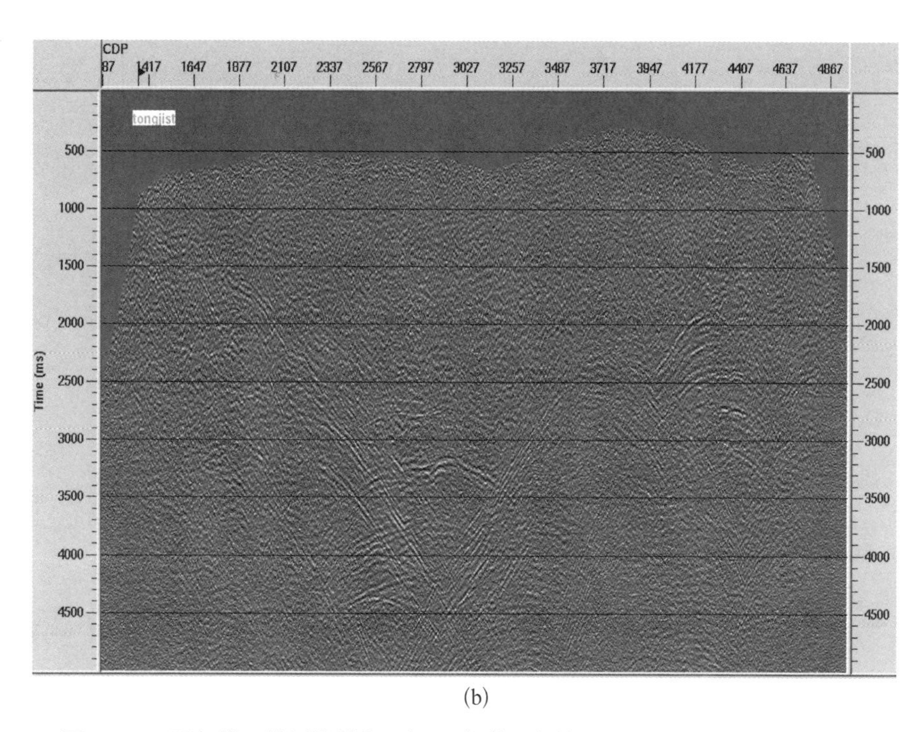

(b)

图 2-17　西部某二维测线射线层析(a)与菲涅尔体层析(b)静校正叠加剖面对比

图 2-18 所示为镇巴 2006 年公关二维测线的射线层析静校正叠加剖面与菲涅尔体层析静校正叠加剖面对比。该测线所在地区地表起伏剧烈，测线长约 58 km，978 炮，炮间距从 20 m 到 60 m 不等，道距为 20 m，模型离散间隔为 20 m×10 m。两种层析方法同样拾取 2 000 m 偏移距的初至数据。可以看出，图 2-18(b)比图 2-18(a)略好一些，尤其是图中标记的区域。

图 2-19 所示为我国西部另一条二维测线的射线层析静校正叠加剖面与菲涅尔体层析静校正叠加剖面对比。该测线所在地区地表起伏剧烈，测线长约 38 km，652 炮，炮间距从 20 m 到 140 m 不等，道距为 20 m，模型离散间隔为 80 m×10 m。两种层析方法采用 MOR 层析反演策略，偏移距范围从 5 000 m 变化到 500 m。可以看出，图 2-19(b)比图 2-19(a)信噪比更高，同相轴更加连续，尤其是图中左上角、右上角和中下部区域。

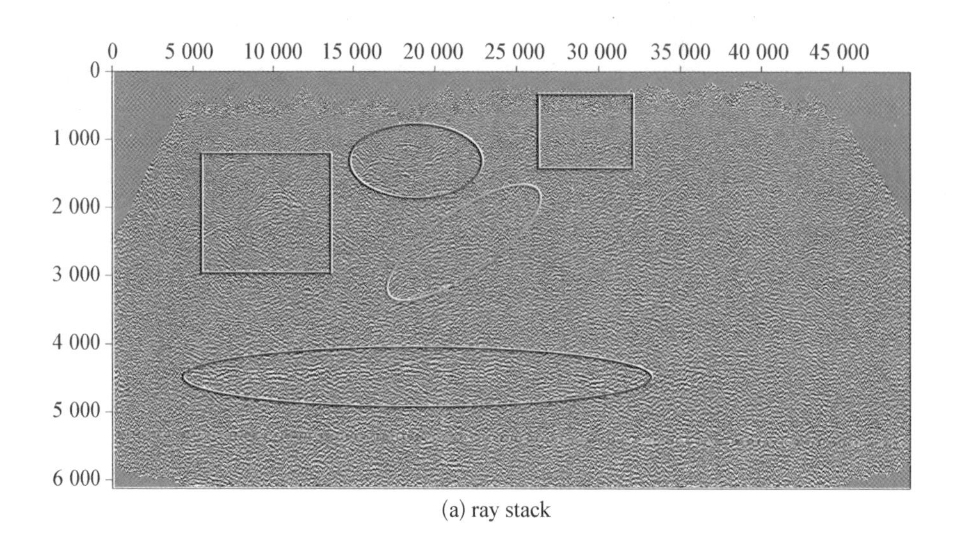

(a) ray stack

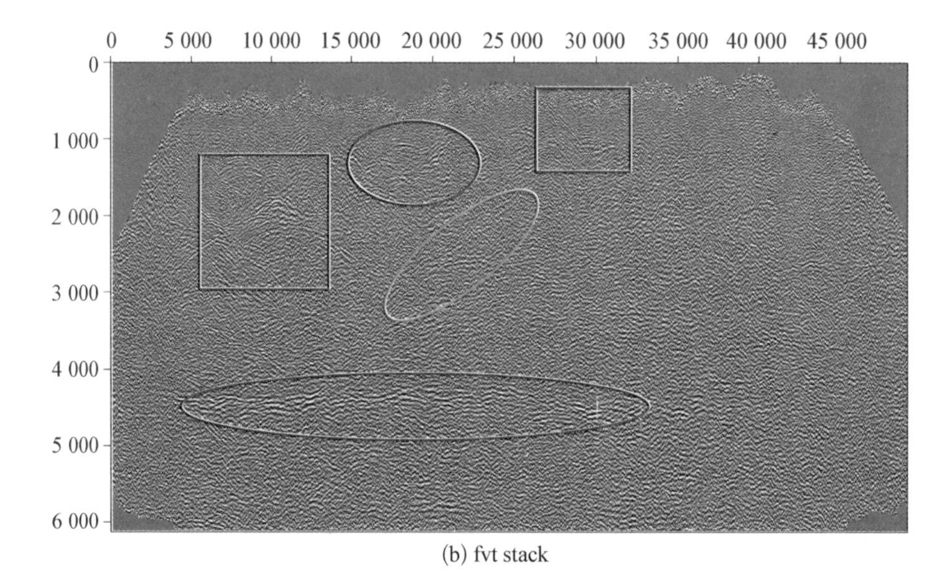

(b) fvt stack

图 2-18 镇巴 2006 攻关二维测线射线层析(a)与非涅尔体层析(b)静校正叠加剖面对比

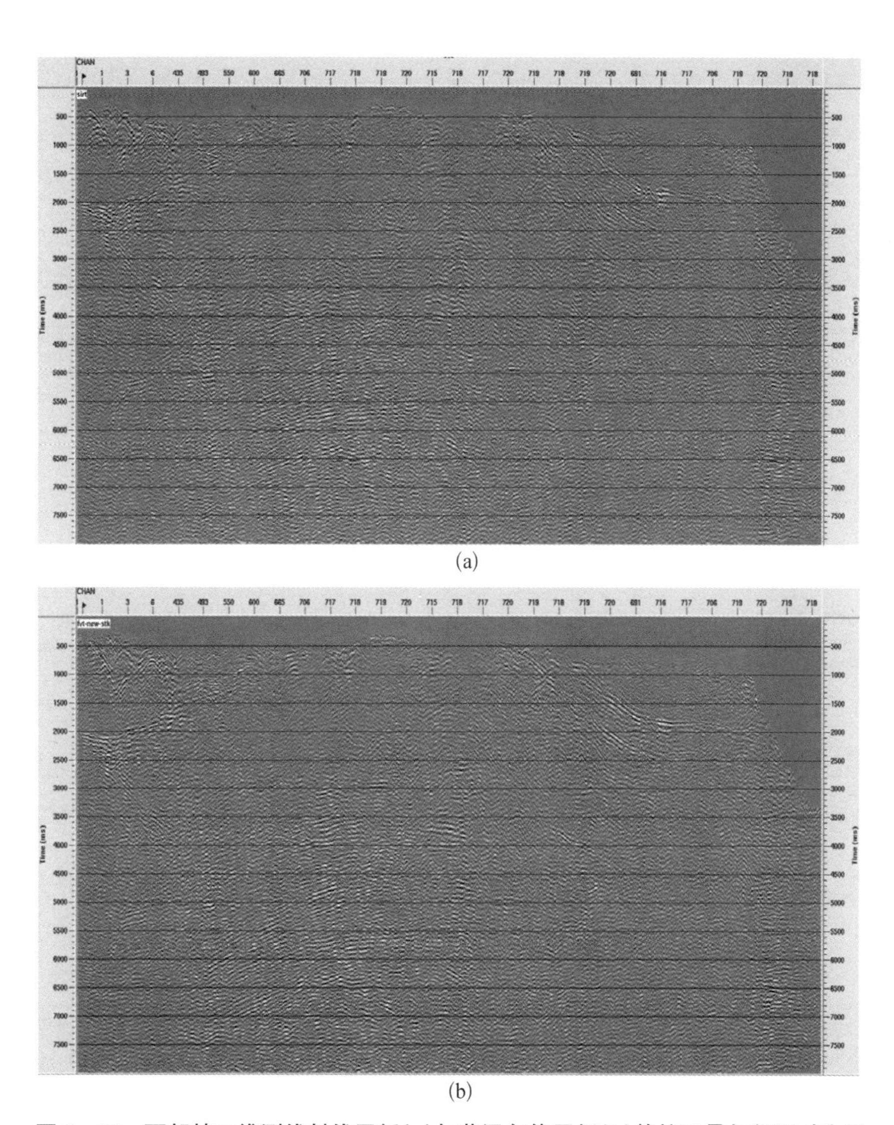

(a)

(b)

图 2－19　西部某二维测线射线层析(a)与菲涅尔体层析(b)静校正叠加剖面对比图

2.2.5　讨论

(1) 从式(2－26)、图 2－10、图 2－12 可以发现，不同情况下，菲涅尔体层析核函数的分布特征也不同。对于垂直于中心射线的一个菲涅尔体剖面，振幅菲涅尔体层析核函数在菲涅尔体中心具有最大值，远离中心射线后逐渐减小，直至菲涅尔体边界处减小到零，呈单驼峰型；而走时菲涅尔体层析核函数在菲涅尔体中心的值比较小，远离中心射线后逐渐增大，在某点达到最大后又逐渐减小，直至在菲涅尔体边界处减小为零，呈双驼峰型。一个特殊的情况是，三维走时菲涅尔体层析核函数在中心射线路径上处处为零，所以三维菲涅尔体中心是空的，而垂直于中心射线的菲涅尔带呈圆环型，所以，Marquering 等[28]称三维菲涅尔体为香蕉—甜饼圈。很明显，香蕉-甜饼圈现象与射线理论存在矛盾。因为根据上述菲涅尔体层析成像理论，在三维情况下，中心射线路径上的异常体对观测数据的走时信息没有影响，权重为零，但根据射线层析成像理论，射线路径上的所有点对观测数据的走时信息都具有相同的影响，权重为1。地震子波具有一定的带宽，香蕉-甜饼圈现象作为有限频理论的一种特殊现象，曾被物理实验所证实[79]，本章第 4 节通过波前弥合对该现象也进行了解释，它的正确性毋庸置疑。射线理论只是在频率趋于无穷时才成立，附录中已证明它是有限频理论的一个特例。那么，射线理论为什么能够在有限频领域中得到成功应用呢？本文认为主要是因为对走时信息影响较大的区域距离中心射线较近(参考图 2 - 9)，即射线层析中速度模型被更新的错误区域距离本应被更新的正确区域并不远。这也正是射线层析可以成功反演介质低波数成分，但无法得到介质高波数成分的原因。Spetzler 与 Snieder[65]提出利用菲涅尔体尺度对两种层析方法的使用范围进行界定，即当异常体尺度大于菲涅尔体宽度时，射线层析可以得到较好的反演效果，否则应该采用菲涅尔体层析成像反演方法。

(2) 关于带限菲涅尔体边界的确定值得进一步探讨。一方面，从图 2 - 10 和图 2 - 12 可以发现，带限核函数的第一旁瓣并没有因为单频核函数的异相叠加而完全抵消。这表明位于第一旁瓣内的空间异常体仍然会对接收的信息产生影响。层析核函数值的正负具有不同的物理意义，例如，根据式(2 - 15)可以知道，正核函数值对应走时延迟与慢度扰动的正相关性，而负核函数值则对应走时延迟与慢度扰动的负相关性。所以，理论上讲，利用图 2-10 和图 2-12 中主瓣与第一旁瓣涉及的空间范围约束带限菲涅尔体应该更加合理。从图中可以发现，带限核函数的第一旁瓣与主频(中心频率)核函数的第一旁瓣非常接近，并且，理论上可以证明，单频核函数的第一旁瓣的边界就是对应第二菲涅尔体的边界，所以可以采用主频(中心频率)第二菲涅尔体定义该扩展带限菲涅尔体。扩展带限菲涅尔体的边界范围见表 2-3。然而，针对本节第 3 部分的理论模型，采用扩展带限菲涅尔体进行走时层析成像实验并没有得到更好的效果，甚至更差。原因可能是扩展菲涅尔体反应的不单是对初至波的影响，也包含对初至后续波的影响，而单单利用第一菲涅尔体所反应的初至波信息进行扩展菲涅尔体层析成像反演是不准确的。另一方面，根据附录 A 的推导，走时菲涅尔体沿中心射线垂线的线积分等于 1，说明主瓣的影响要明显大于第一旁瓣的影响，因此，第一旁瓣似乎又可以不必考虑(但振幅菲涅尔体沿中心射线垂线的线积分等于零，说明第一旁瓣与主瓣对观测信息具有同样的影响，可能在层析成像中需要予以考虑)。这两方面是相互矛盾的，它们的取舍有待进一步的理论研究与实验分析。

表 2-3　不同情况下扩展带限菲涅尔体空间分布范围

维度	振幅层析带限菲涅尔体	走时层析带限菲涅尔体
二维	$\Delta t_{\max} = T/4$	$\Delta t_{\max} = 3T/4$
三维	$\Delta t_{\max} = 2T/4$	$\Delta t_{\max} = 4T/4$

(3) 由于有限频理论只给出了介质扰动所产生的走时扰动，因此无法在理论上直接给出扰动模型菲涅尔体走时的计算方法。但作者通过对简单理论模型观测记录初至波走时残差的对比发现，在小偏移距范围内(2 000 m)射线的走时残差与菲涅尔体(初至主能量)的走时残差基本相同，即用射线的走时残差代替菲涅尔体的走时残差是可行的。尽管扰

动模型的菲涅尔体走时在理论上难以计算，但从射线追踪的扰动理论入手，通过加权叠加的方法近似计算菲涅尔体走时应该是可行的，这个问题将是作者以后的研究内容。

2.2.6 小结

本节基于 Born 与 Rytov 近似，给出了单频振幅、走时层析核函数表达式。该表达式不仅适合均匀介质情况，同样适合于非均匀介质情况。在此基础上，本文提出对单频核函数进行高斯加权叠加得到带限菲涅尔体层析核函数的方法。在均匀介质假设前提下，根据单频波的同相叠加原理，本文给出了不同维度走时、振幅单频菲涅尔体的空间分布范围。二维振幅、三维振幅、二维走时、三维走时菲涅尔体的空间分布范围分别为 $T/8$，$2T/8$，$3T/8$ 和 $4T/8$。同时，根据均匀介质与缓变非均匀介质带限层析核函数的模拟结果，提出在带限菲涅尔体层析反演中可以采用中心频率或主频对应的单频菲涅尔体边界约束带限菲涅尔体。

层析核函数的表达式及其分布范围是菲涅尔体地震层析成像的核心。将本文的菲涅尔体地震层析成像方法应用于理论模型实验与实际资料处理，结果表明菲涅尔体层析成像比传统射线层析成像方法具有更高的反演精度和反演分辨率。

虽然本文重点研究的是菲涅尔体地震层析成像方法，但以菲涅尔体层析核函数为基础的菲涅尔体理论必将成为联系射线理论与波动理论的桥梁与纽带，在地震波正反演理论中发挥更加重要的作用。

2.3 反射菲涅尔体地震层析成像

上述对菲涅尔体层析成像理论的研究，主要集中在对透射地震波的研究。虽然Červený与 Soares[57]，Spetzler 与 Snieder[64, 65] 和 Snieder 与 Lomax[63]对反射波情况下的菲涅尔体分布特征和计算方法有一定的描述，但尚未给出具体的计算过程和应用实例，也没有对反射菲涅尔体走时层析核函数的分布特征作出详细的描述。本文在透射菲涅尔体地震层析成像理论研究的基础上，研究了二维反射菲涅尔体走时层析核函数的空间分布特征，并将反射菲涅尔体走时层析成像方法应用于理论模型实验。

2.3.1　反射菲涅尔体的计算

反射波可以分解为上行透射波和下行透射波，因此，反射菲涅尔体同样可以分解为上行透射菲涅尔体和下行透射菲涅尔体，因此，采用透射波菲涅尔体层析核函数计算反射菲涅尔体层析核函数是可行的。不同点在于，由于反射菲涅尔体仍属于两点间问题，反射界面上不是只有一个反射点，而是菲涅尔带的所有反射点对激发点和接收点都具有影响，因此不能将反射菲涅尔体简单理解为激发点到反射点、反射点到接收点间的两个透射菲涅尔体的拼接。也就是说，对于反射菲涅尔体，l_{rs}、l_{rg}代表的不单是透射距离，也可能是经过界面反射后的反射距离，视具体情况而定，而 l_{sg} 代表的是中心反射射线的长度。

2.3.2　反射菲涅尔体边界的确定

上一节在均匀介质假设前提下给出了二维振幅、三维振幅、二维走时、三维走时透射菲涅尔体的空间分布范围，分别为 $T/8$，$2T/8$，$3T/8$ 和 $4T/8$。同样，由于反射菲涅尔体可以分解为上行透射菲涅尔体和下行透射菲涅尔体，因此，反射菲涅尔体与透射菲涅尔体具有相同的空间分布范围。但由于反射菲涅尔体经过了菲涅尔带的反射，其具体的计算方法有所不同。如二维走时透射菲涅尔体的空间分布(图 2-20a)可以

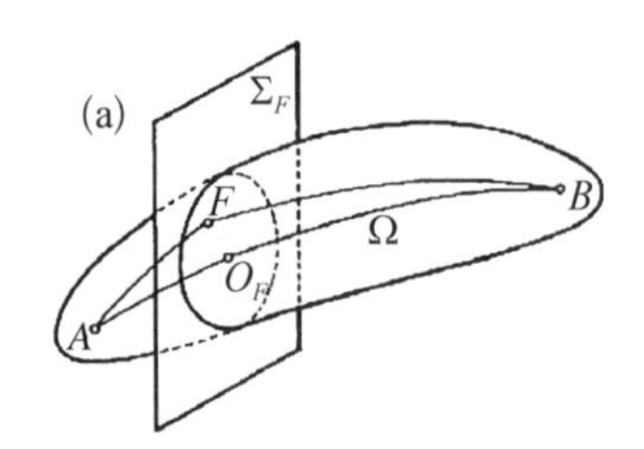

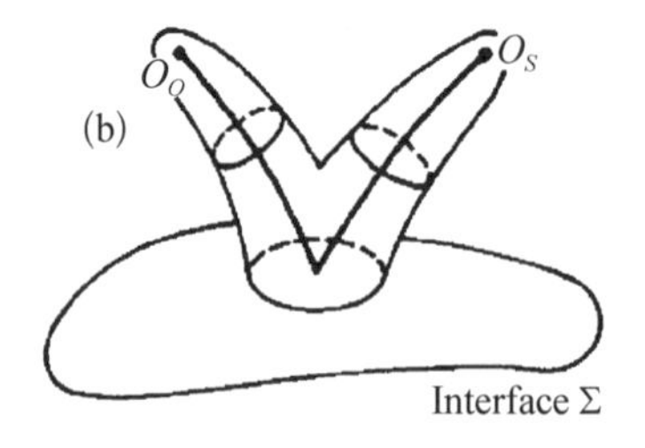

图 2-20　透射(a)、反射(b)菲涅尔体示意图

采用式(2-28a)计算，但根据Červený、Soares[57]及 Liu 等[81]的观点，二维走时反射菲涅尔体的空间分布(图 2-20b)则应采用式(2-28b)计算。

$$T(F,\ S)+T(F,\ R)-T(S,\ R)\leqslant \frac{3}{8}T \tag{2-28a}$$

$$\begin{aligned}&\mathrm{Min}[T(F,\ S)+T(F,\ \Sigma,\ R)-T(S,\ R);\\&T(F,\ R)+T(F,\ \Sigma,\ S)-T(S,\ R)]\leqslant \frac{3}{8}T\end{aligned} \tag{2-28b}$$

式(2-28a)中，$T(F,\ S)$表示空间点 F 到炮点 S 的初至时间；$T(F,\ R)$表示空间点 F 到检波点 R 的初至时间；$T(S,\ R)$表示炮点 S 到检波点 R 的初至时间。式(2-28b)中，$T(F,\ S)$同样表示空间点 F 到炮点 S 的初至时间；$T(F,\ R)$同样表示空间点 F 到检波点 R 的初至时间；$T(S,\ R)$表示炮点 S 到检波点 R 的反射时间；$T(F,\ \Sigma,\ R)$表示空间点 F 经过反射面 Σ 到达检波点 R 的最小时间；$T(F,\ \Sigma,\ S)$表示空间点 F 经过反射面 Σ 到达炮点 S 的最小时间。

虽然可以沿用透射菲涅尔体层析核函数的理论来计算反射菲涅尔体层析核函数，但具体计算时要注意区分反射波和初至波对应的走时和射线路径。另外，带限反射菲涅尔体层析核函数也可以采用本章式(2-23)计算。

反射菲涅尔体的具体计算步骤如下：首先，计算炮点与检波点在模型空间中所产生的最小旅行时场 $T(F, S)$ 与 $T(F, R)$，同时利用反射射线追踪计算炮点到检波点的反射时间 $T(R, S)$；然后，计算反射面的最小旅行时场，即先计算反射面上每个点的最小旅行时场，然后搜索空间点 F 经过反射面 Σ 到达炮点 S 和检波点 R 的最小走时 $T(F, \Sigma, S)$ 和 $T(F, \Sigma, R)$；最后，根据式(2-28b)确定反射波菲涅尔体走时层析核函数的边界。

2.3.3　反射菲涅尔体特征分析

为了分析不同类型介质中反射菲涅尔体的空间分布特征，本文做了以下 3 组二维理论模型实验。

(1) 速度为 2 000 m/s 的均匀介质模型，炮点位于坐标(750，10)处，检波点位于坐标(2 250，0)处，虚拟反射界面位于 500 m 深度处。根据式(2-23)和式(2-28b)计算得到的带限反射走时层析核函数及带限反射菲涅尔体如图 2-21 所示。

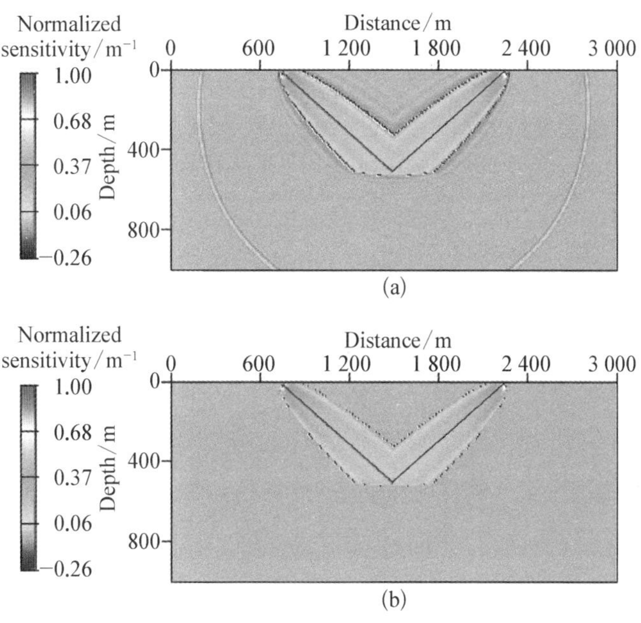

图 2-21　均匀介质点源激发情况下，二维带限反射走时层析核函数(a)及带限反射菲涅尔体(b)

(2) $v(z) = 2\,000.0 + 2.0 * z$ 的等梯度介质模型，炮点位于坐标(750,10)处，检波点位于坐标(2 250,0)处，虚拟反射界面位于 500 m 深度处。根据式(2-23)和式(2-28b)计算得到的带限反射走时层析核函数及带限反射菲涅尔体如图 2-22 所示。

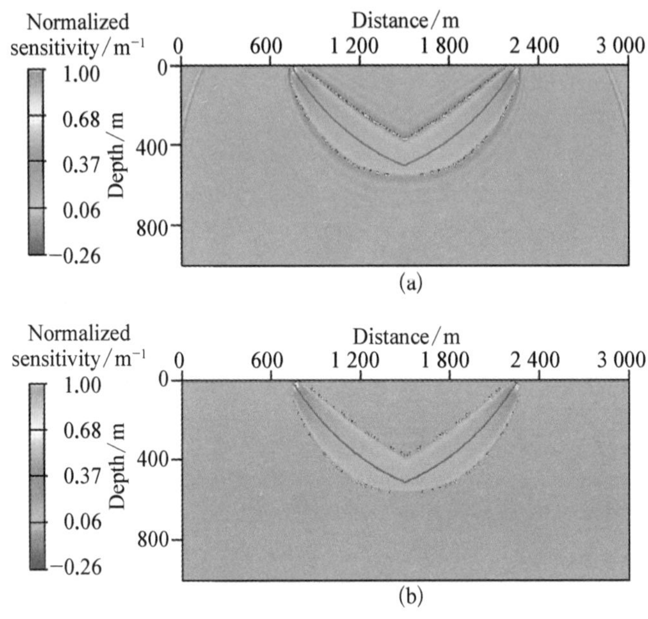

图 2-22　等梯度模型点源激发情况下，二维带限反射走时层析核函数(a)及带限反射菲涅尔体(b)

(3) 上层速度 2 000 m/s，下层速度 3 000 m/s 的层状介质模型。炮点位于坐标(750,10)处，检波点位于坐标(2 250,0)处，反射界面位于 500 m 深度处。根据式(2-23)和式(2-28b)计算得到的带限反射走时层析核函数及带限反射菲涅尔体如图 2-23 所示。

根据图 2-21—图 2-23 可以发现，反射菲涅尔体与透射菲涅尔体(图 2-9—图 2-12)具有相同的分布特征，即在中心射线上取最小值，沿着垂直于中心射线的方向，由中心射线向两边核函数值逐渐增大后又减小。值得注意的是，由于反射菲涅尔带的存在，反射菲涅尔体对界面以下有一定的穿透深度，即界面以下的介质同样会对接收到的反射信息

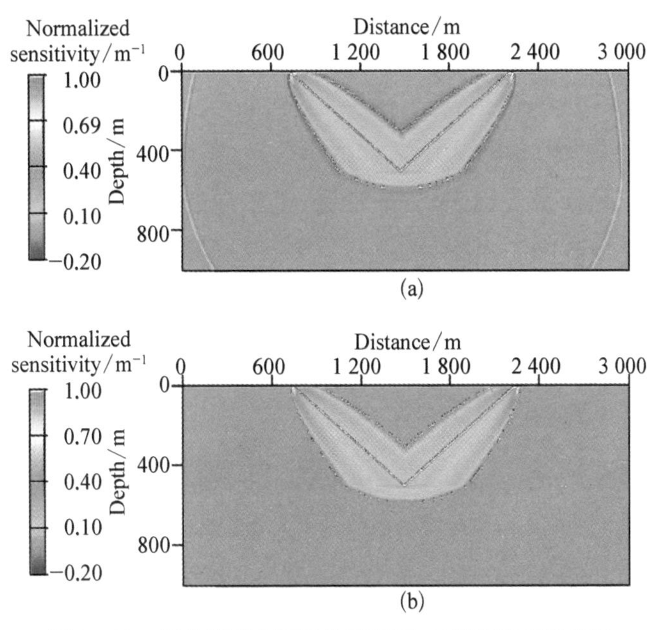

图 2－23　层状模型点源激发情况下，二维带限反射走时层析核函数(a)及带限反射菲涅尔体(b)

产生影响。影响的深度与地震波频率、上覆介质速度、下伏介质速度、入射角等因素有关[57]。这说明，反射菲涅尔体层析成像方法不仅可以反演界面以上的介质属性信息，同样可以反演下伏介质的信息，而反射射线层析无疑是无法做到这一点的。

2.3.4　反射菲涅尔体地震层析成像

从传播理论上讲，有限频理论比射线理论更能准确地反映地震波的传播特征；从反演角度理解，菲涅尔体层析更多地考虑了射线邻域对观测信息的影响。因此，菲涅尔体地震层析成像方法应该比射线层析成像具有更高的反演精度。为了验证上述反射菲涅尔体理论的有效性，本文在理论模型上对二维反射菲涅尔体走时层析成像与反射射线走时层析成像进行了对比。

考虑到反射射线追踪的稳定性及反射同相轴的拾取，理论模型采用图 2－13 所示的平滑处理结果，如图 2－24(a)所示。模型纵、横向采样点

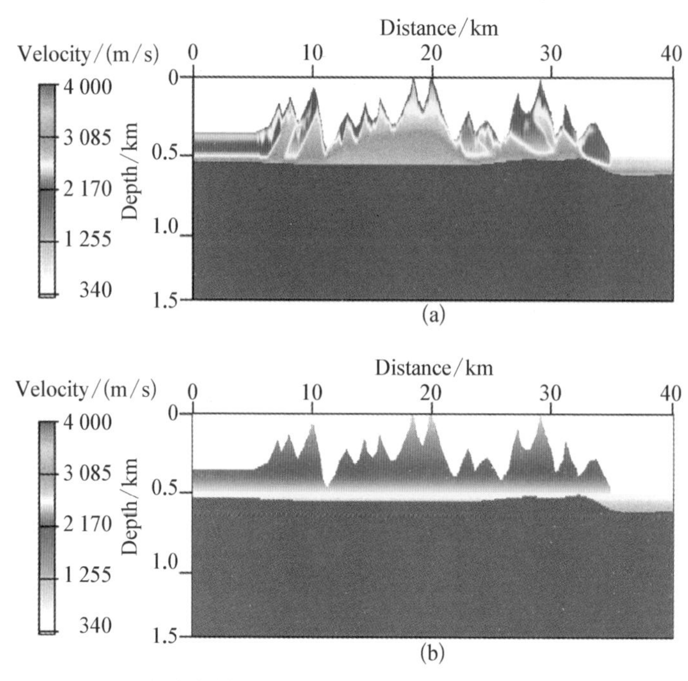

图 2-24　复杂起伏地表理论模型(a)与层析梯度初始模型(b)

个数分别为 151 和 4 001,采样间隔为 10 m×10 m,空气速度为 340 m/s,目标反射层(蓝色)下伏介质速度为 4 000 m/s。由于反射层析成像中速度与深度存在耦合性,为了解耦,本实验反演过程中假设目标反射层的位置已知,即只反演地表与反射界面之间的复杂表层速度结构,以此来验证对比反射菲涅尔体层析成像方法的有效性。两种反演方法采用相同的梯度初始模型,如图 2-24(b)所示。观测系统与透射实验相同,在模拟记录上拾取反射走时,反演结果如图 2-25 所示。

从图 2-25 可以看出,反射射线层析和反射菲涅尔体层析均能较好地反演出模型的背景场信息,但从射线层析的反演结果中可以看到速度在纵向上有明显的拉伸,即纵向分辨率较低,而菲涅尔体层析反演结果则没有这个现象,即纵向分辨率比较高。这是由于在射线层析中,射线对地下介质的照明角度比较小,方程病态严重,而在菲涅尔体层析中,菲涅尔体对地下介质的照明角度要明显优于射线的照明角度,病态性也有所缓解。另外,反

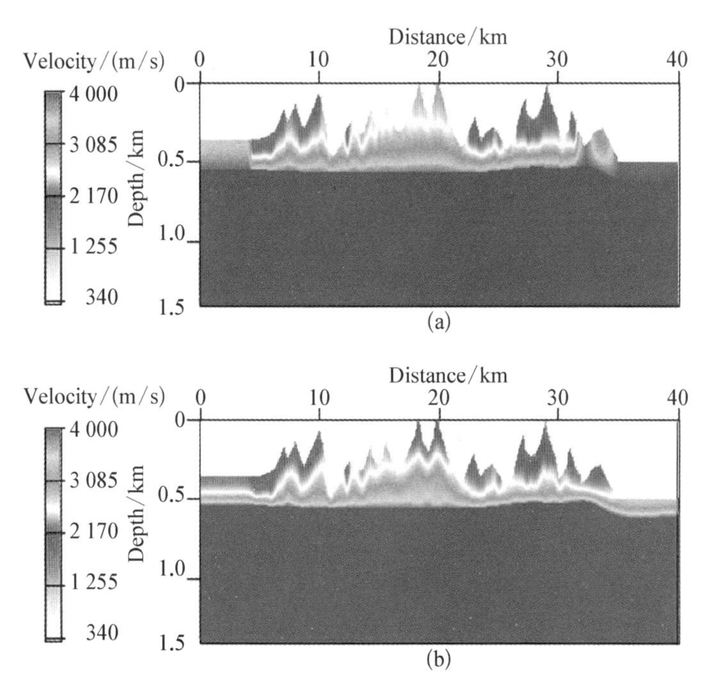

图 2-25　反射菲涅尔体走时层析结果(a)和反射射线走时层析结果(b)对比

射菲涅尔体相对于反射射线在模型空间中具有更高的横向覆盖率，这也是反射菲涅尔体地震层析成像具有更高的纵向反演分辨率的重要原因。

为了定量对比反射射线层析和反射菲涅尔体层析两种方法在理论模型上的反演效果，提取地表以下 40～100 m 每 20 m 深度处的速度剖面，如图 2-26 所示。

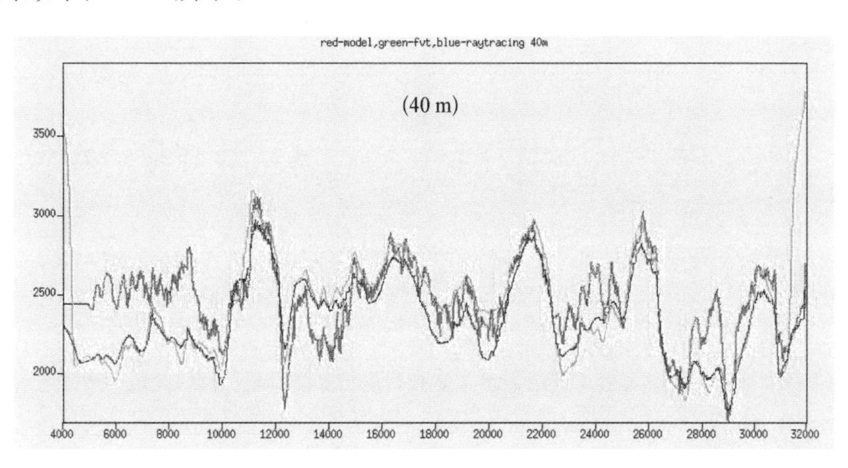

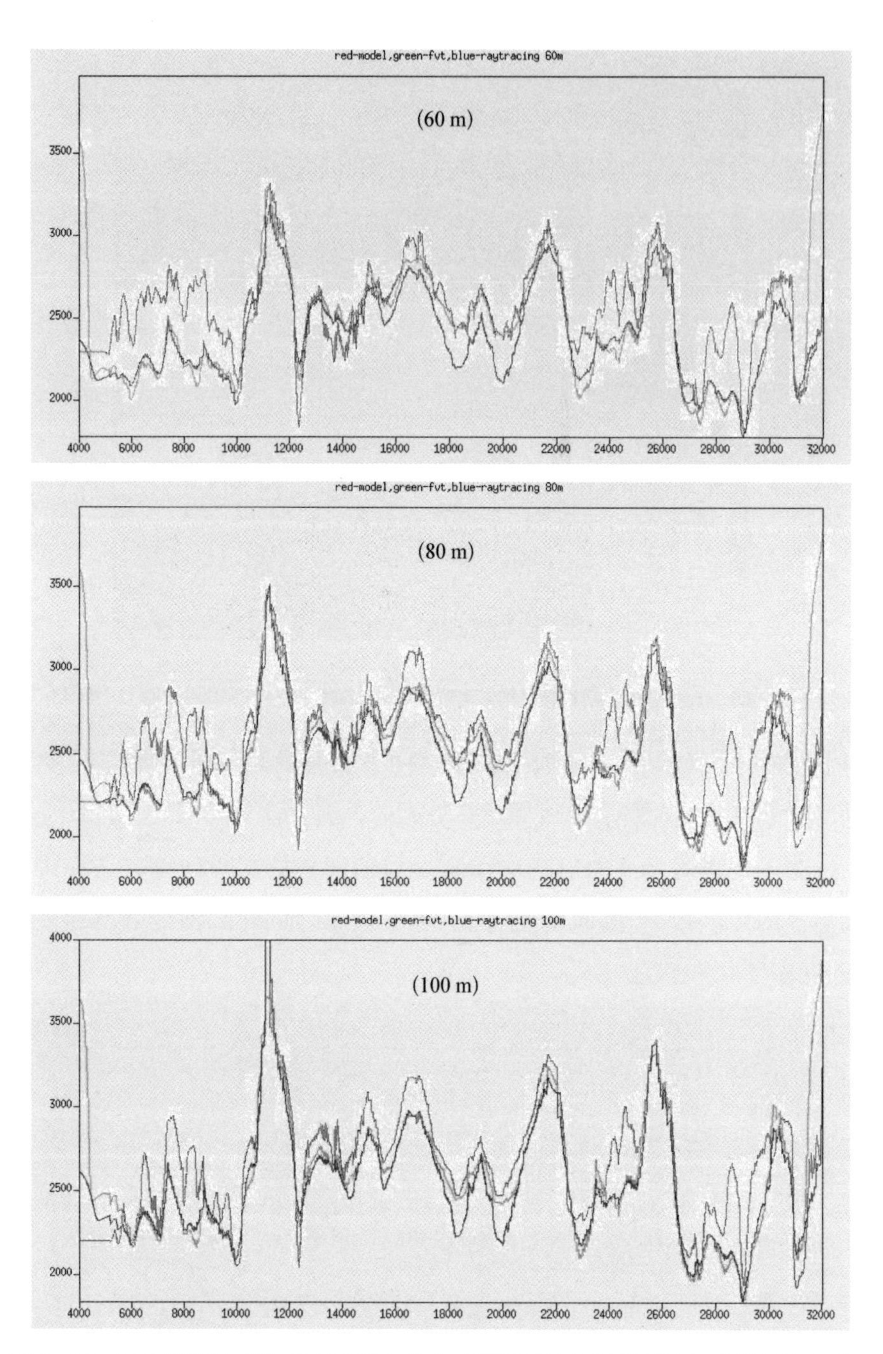

图 2-26　理论模型(红线)、反射非涅尔体走时层析反演结果(绿线)与反射射线走时层析反演结果(蓝线)地表以下 40～100 m 每 20 m 深度处的速度剖面对比图

通过对提取出的不同深度处的速度剖面对比分析可以看出,反射菲涅尔体层析反演结果在大部分区域精度更高,且对介质高波数成分刻画得比较清楚,这充分说明了反射菲涅尔体层析的精度和反演分辨率要优于反射射线走时层析。

2.3.5　结论与讨论

基于 Born 近似与 Rytov 近似导出的菲涅尔体走时层析核函数的表达式,不仅适用于均匀介质情况,同样适用于非均匀介质情况,不仅适用于透射菲涅尔体走时层析成像,同样也适用于反射菲涅尔体走时层析成像,只是在具体计算过程中菲涅尔体分布范围的计算方法、核函数的计算方法有所不同。

由于考虑了地震波传播的有限频效应,反射菲涅尔体走时层析成像的反演精度和分辨率要优于传统的反射射线走时层析成像。本节的理论模型实验表明,反射菲涅尔体层析成像结果比反射射线层析反演结果具有更高的纵向分辨率。反射菲涅尔体走时层析成像应用于实际资料的处理见本文第 3 章第 4 节。另外,本文的反射菲涅尔体地震层析成像理论与方法可以方便地扩展到三维,这些将是以后进一步研究的内容。

2.4　波前弥合现象对地震层析成像的影响

Dahlen 等[66],Dahlen[67],Hung 等[68],Zhang 等[69]沿用 Marquering 等[28, 29]的方法,Spetzler 及 Snieder[64, 65],Liu 等[81]以及本文 2.2 节基于波动方程的 Born 近似与 Rytov 近似导出了非均匀介质情况下单频、带限有限频走时层析核函数的计算方法,并研究了该核函数的特点。研究发现,三维走时核函数在中心射线路径上处处为零,远离射线后又逐渐增大，然后又减小。Marquering 等[28]首次将三维走时层析核函数中间为“空”的这种现象称为香蕉-甜饼圈现象。波前弥合[82]是地震波传播过程中普遍存在的现象，Hung 等[68]利用波前弥合现象对香蕉-甜饼圈现象给出了很好的解释。Thore 及 Juliard[83]，Nolet 及 Dahlen[82]同时指出波前弥合现象对观测数据会造成很大的影响，尤其在有限频地震层析成像中，波前弥合会影响透射波的准确拾取。

本节利用声波方程的数值模拟方法再现了这种波前弥合现象，并在前人工作基础上分析了波在异常体中的传播特征，研究了波前弥合现象与地震波主频、异常体尺度之间的关系。通过对绕射波、透射波波前能量的定量对比，总结了波前弥合现象对地震层析成像的影响规律，并通过地震层析成像理论模型实验对总结的规律进行了验证。本节最后指出，只有利用地震数据的振幅信息或波形信息进行反演才有可能得到介质的高波数成分。

2.4.1 实验方法

为了分析波的散射特征及波前弥合现象对层析成像的影响，本文采用高精度有限差分声波方程数值模拟方法，在二维均匀模型中心设置一圆形异常体(图 2-27)，进行了六组井间单炮精细数值模拟实验。六组实验中模型规模、观测系统相同。实验模型大小为 1 200 m×1 200 m，离散网格大小为 1 m×1 m。激发点坐标为(200，600)，接收井位于水平位置 1 000 m，从地表到底部均匀布设 1 200 个检波点。实验中子波主频分别取 30 Hz 与 60 Hz，背景速度均为 2 000 m/s，异常体速度分别取 1 000 m/s 与 3 000 m/s，异常体直径分别取 200 m、100 m 与 40 m，时间采样为 0.1 ms。六组实验具体的参数如下：

(1) 主频波长 33 m，异常体直径 200 m，异常体速度 1 000 m/s；

(2) 主频波长 33 m，异常体直径 200 m，异常体速度 3 000 m/s；

（3）主频波长 66 m,异常体直径 100 m,异常体速度 1 000 m/s;

（4）主频波长 66 m,异常体直径 100 m,异常体速度 3 000 m/s;

（5）主频波长 66 m,异常体直径 40 m,异常体速度 1 000 m/s;

（6）主频波长 66 m,异常体直径 40 m,异常体速度 3 000 m/s。

六组实验的理论模型如图 2-27 所示。

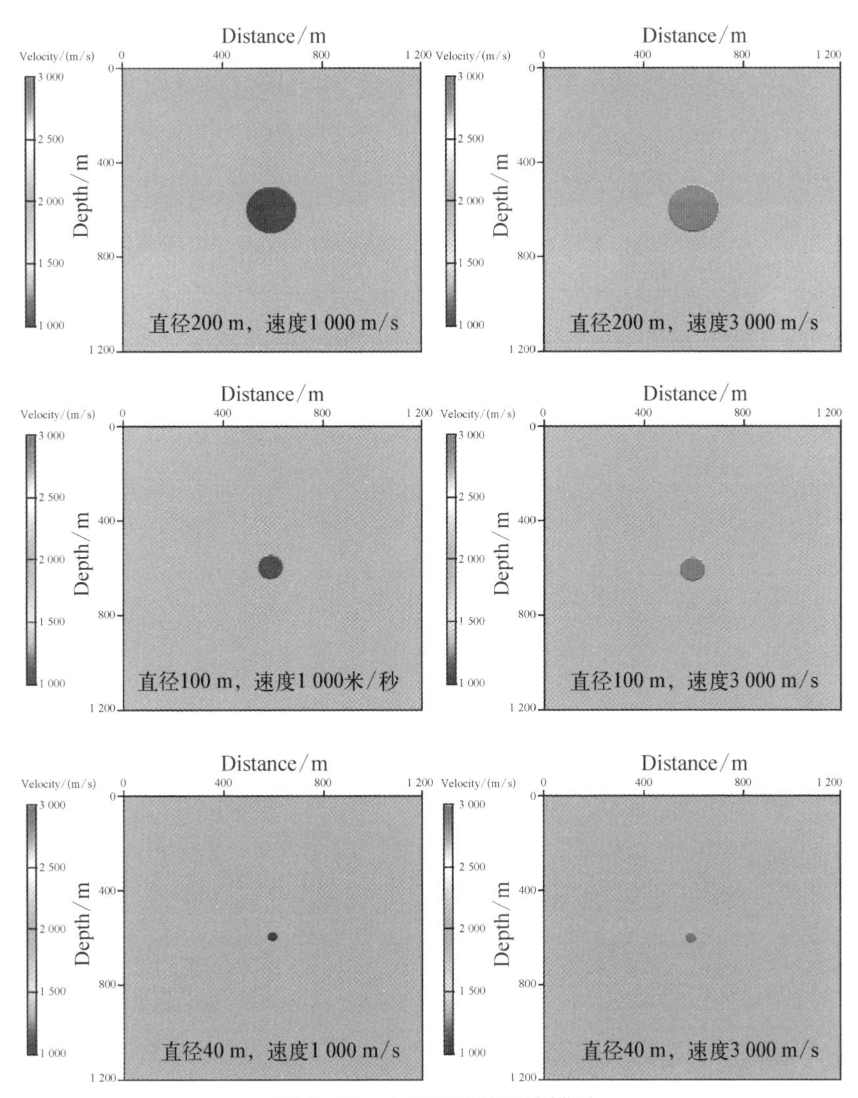

图 2-27　六组实验的理论模型

2.4.2 实验结果与分析

模拟过程中保存每一时间步长的波场信息，以方便对绕射波、透射波的波前振幅进行定量对比，方便观察地震波在异常体附近的传播过程（图 2-28）；同时保存井间观测记录（图 2-29）以提取初至信息，方便分析波前弥合现象对地震层析成像的影响。

以上实验不仅证实了波前弥合现象的存在，而且通过观察地震波在异常体附近的传播过程（以动画形式在 PPT 中展示），本文得到了以下一些认识（其中部分结论是对前人认识结果的进一步印证）：

（1）波前弥合是地震波传播过程中普遍存在的现象，该现象的表现与地震波的频带范围、异常体的空间尺度、异常值的大小、异常体的位置等因素有关。相对于地震波长，异常体尺寸越大波前断裂越强，弥合越慢，异常体尺寸越小，波前断裂越弱，弥合越快。相对于背景场速度，异

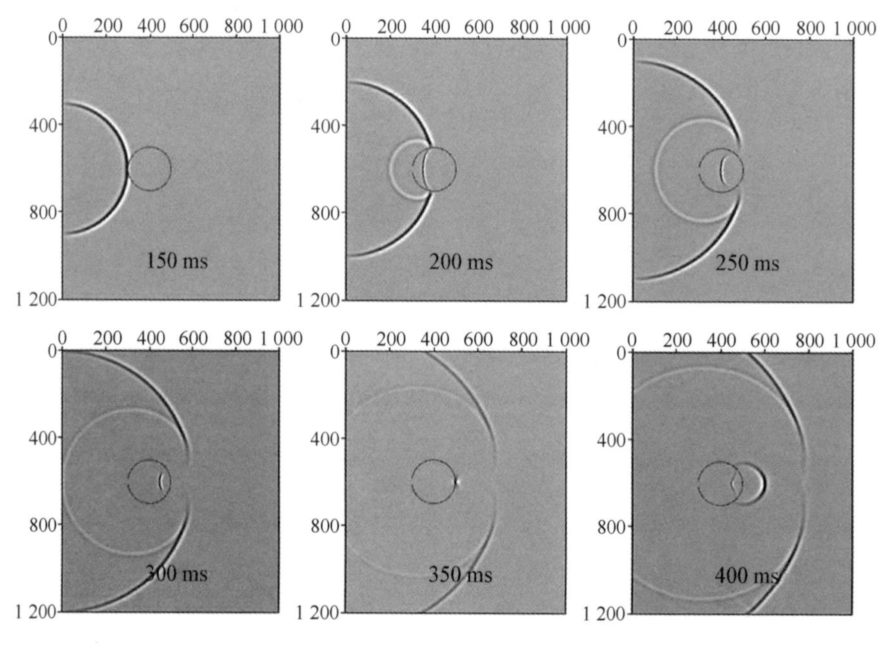

（a）主频波长 33 m，异常体直径 200 m，异常体速度 1 000 m/s 对应的波场快照

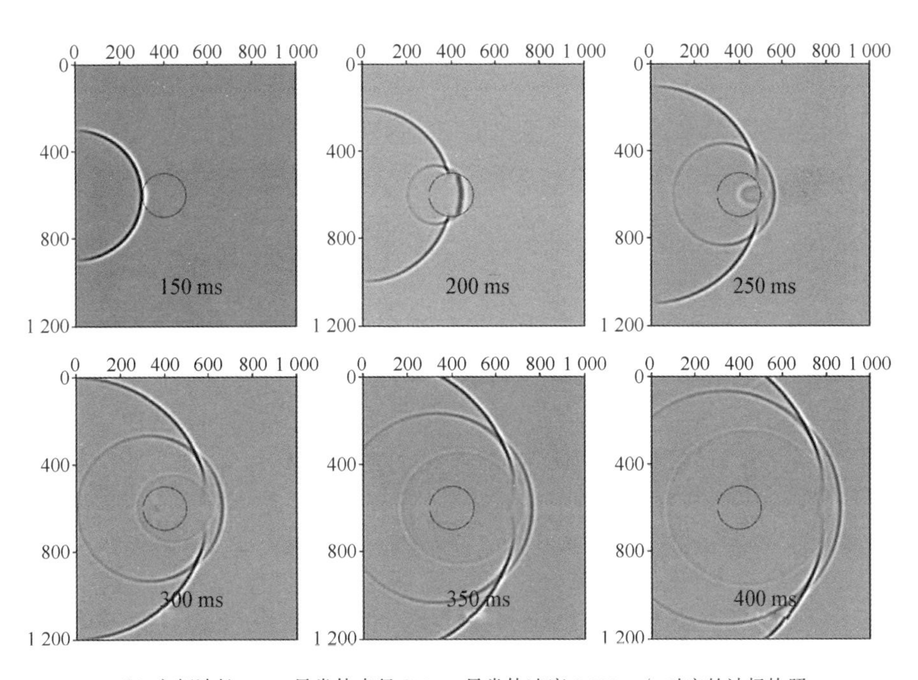

（b）主频波长 33 m，异常体直径 200 m，异常体速度 3 000 m/s 对应的波场快照

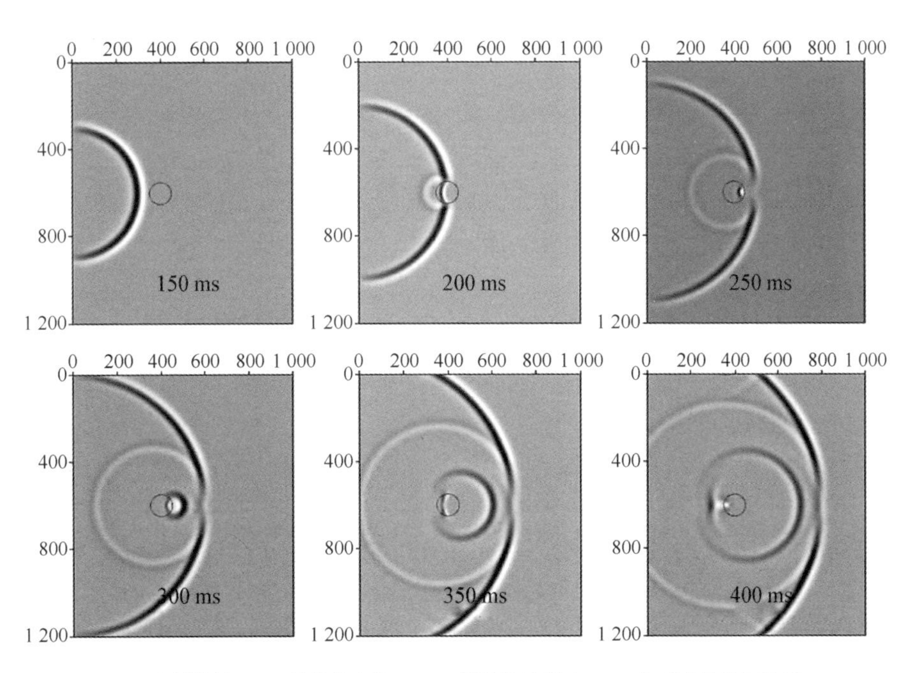

（c）主频波长 66 m，异常体直径 100 m，异常体速度 1 000 m/s 对应的波场快照

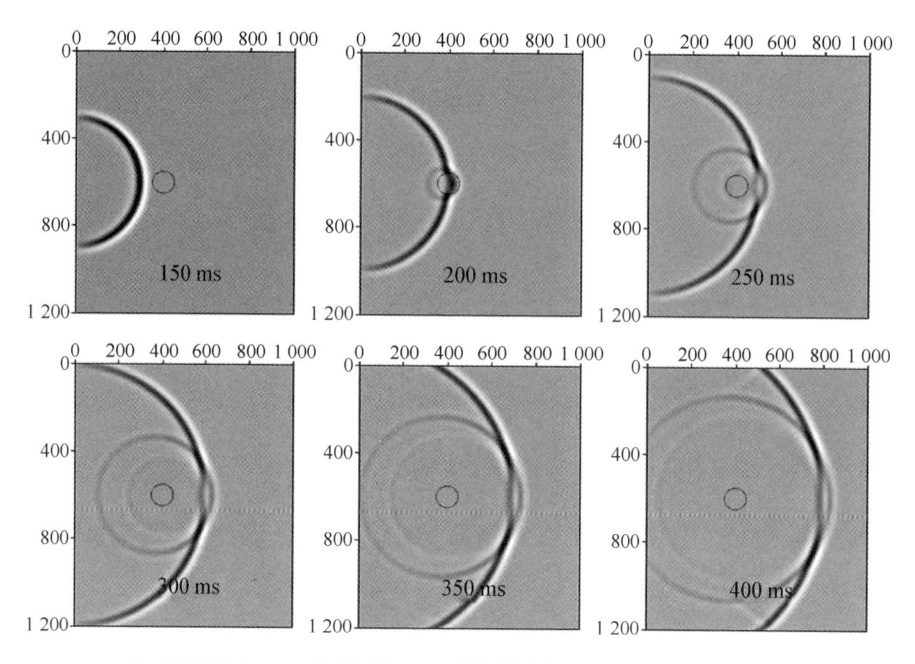

(d) 主频波长 66 m,异常体直径 100 m,异常体速度 3 000 m/s 对应的波场快照

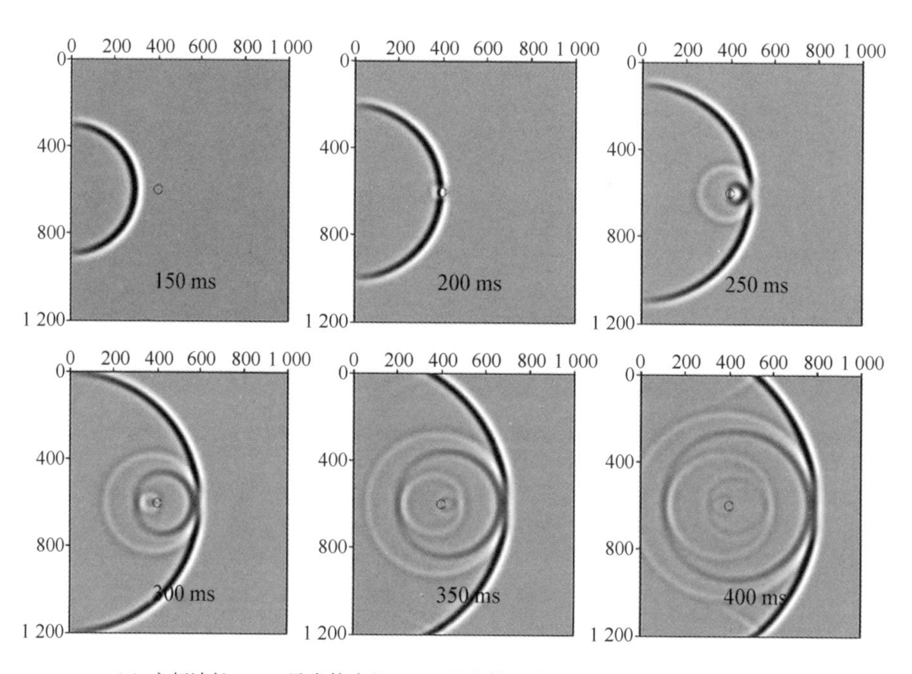

(e) 主频波长 66 m,异常体直径 40 m,异常体速度 1 000 m/s 对应的波场快照

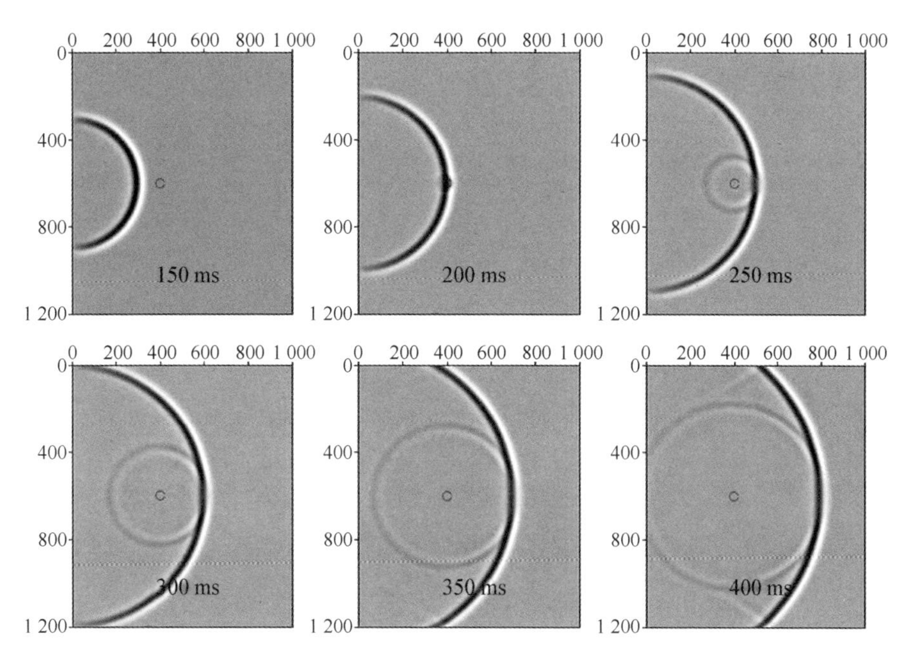

(f) 主频波长 66 m,异常体直径 40 m,异常体速度 3 000 m/s 对应的波场快照

图 2-28　模拟过程中地震波在异常体附近的传播过程

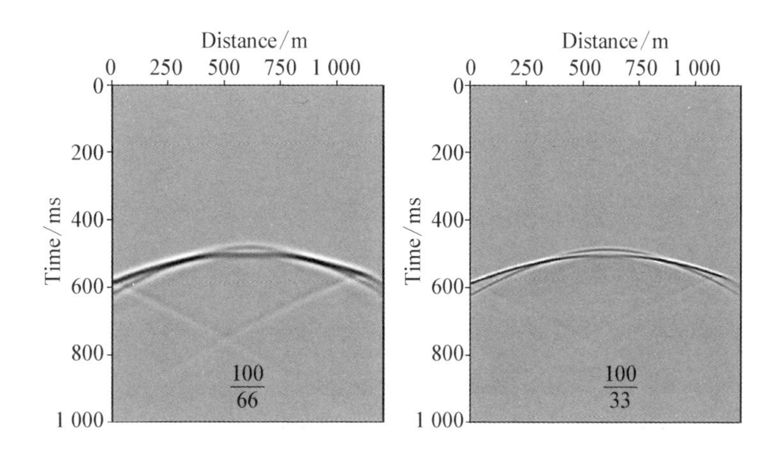

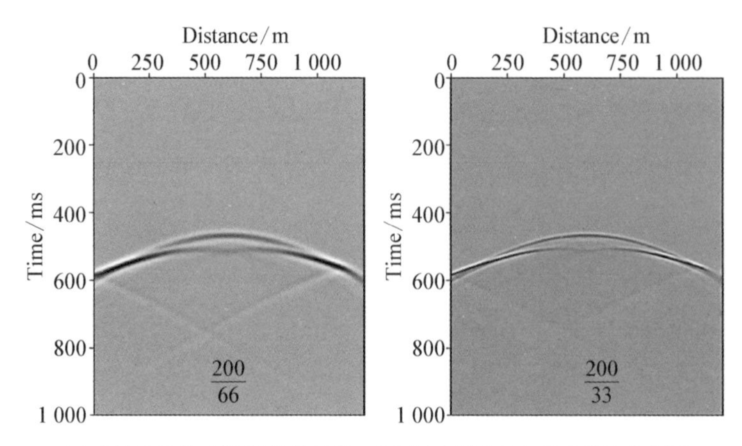

(a) 高速异常体,不同异常体尺度—地震波主频波长比对应的 VSP 记录

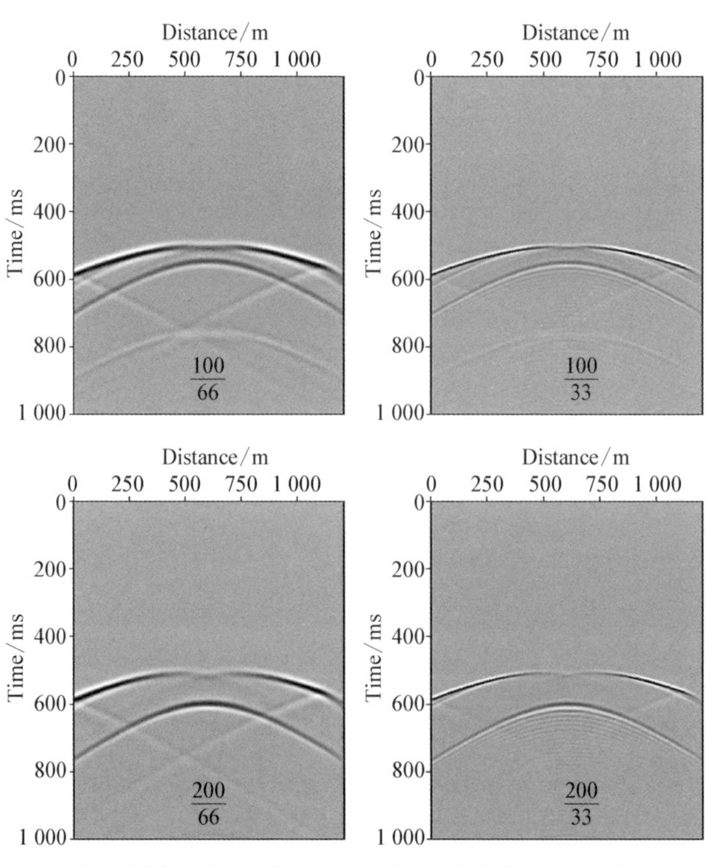

(b) 低速异常体,不同异常体尺度—地震波主频波长比对应的 VSP 记录

图 2-29 模拟过程中地震波在异常体附近传播的观测记录

常体异常值越大波前断裂越强，弥合越慢，反之亦然。

（2）透射波在正、负异常体中的传播现象不同，低速异常体对透射波有聚焦效应，高速异常体对透射波有散焦效应。该聚焦与散焦效应进而会导致波穿过正、负异常体后弥合现象的不对称性。

（3）地震波在低速异常体中会反复震荡，震荡过程中不断散射能量，在传播方向与负传播方向上表现为两个次级源激发；当异常体很小时，前后激发的波前面重合，异常体表现为一个单一的次级源，表现为散射。

（4）异常体尺寸越小绕射现象越明显，绕射波的能量越强，透射波的能量越弱。反之，异常体尺寸越大，透射现象越明显，透射波能量越强，绕射波的能量越弱。这一点可以解释三维菲涅尔体层析核函数的香蕉—甜饼圈现象，即当异常体很小时，绕射波能量很强，绕射波前断裂较弱且迅速弥合，因此并不影响波前走时。

（5）根据地震层析成像的基本原理(即只有经过异常体的地震波才携带了异常体的信息)还可以给出下述重要结论：传统的基于射线理论的走时层析成像方法只能反演出高速异常体，而基于有限频理论的菲涅尔体走时层析成像方法只能反演出大尺度异常体，对于小尺度的低速异常体，利用旅行时信息的地震层析成像方法无法将其反演出来，只有利用地震数据的振幅信息或波形信息的反演方法才有可能得到介质的更高波数成分。

2.4.3　理论模型验证

为了进一步验证波前弥合现象对层析成像的上述影响，本文做了以下 4 组单异常体射线、菲涅尔体走时层析成像对比实验。理论模型与图 2 - 27 所示相同，4 组理论模型参数如下：

（1）异常体直径 200 m，异常体速度 1 000 m/s；

（2）异常体直径 200 m，异常体速度 3 000 m/s；

(3) 异常体直径 100 m,异常体速度 1 000 m/s;

(4) 异常体直径 100 m,异常体速度 3 000 m/s。

实验中采用高精度有限差分声波方程数值模拟方法进行模拟。为了提高反演精度,采用底部激发地表接收与左边激发右边接收的交叉观测系统。垂直与水平方向上均为等间隔的 241 炮激发、241 道接收,炮距、道距均为 5 m。地震波主频为 30 Hz。在模拟记录上拾取初至走时进行射线层析成像反演。将模拟记录作为观测数据,采用观测数据与理论合成数据的互相关计算初至波主能量残差,进而进行菲涅尔体层析成像反演。反演所采用的初始模型皆为 2 000 m/s 的匀速模型。4 组实验反演结果如图 2-30—图 2-33 所示。

由上述实验结果不难看出,对于射线初至波走时层析反演方法,高速大尺度异常体与高速小尺度异常体能被较好地反演出来,低速大尺度异常体反演的不准确,低速小尺度异常体由于受严重的波前弥合现象影响,基本反演不出来。同时,本文还得到另一个认识,即高速异常体虽然可以被较好地反演出来,但异常体尺度反演的较差,这是由高速异常体的散焦效应导致的(图 2-34(a));低速异常体虽然反演精度低,但可以得到较好的异常体尺度,这是由低速异常体的聚焦效应导致的

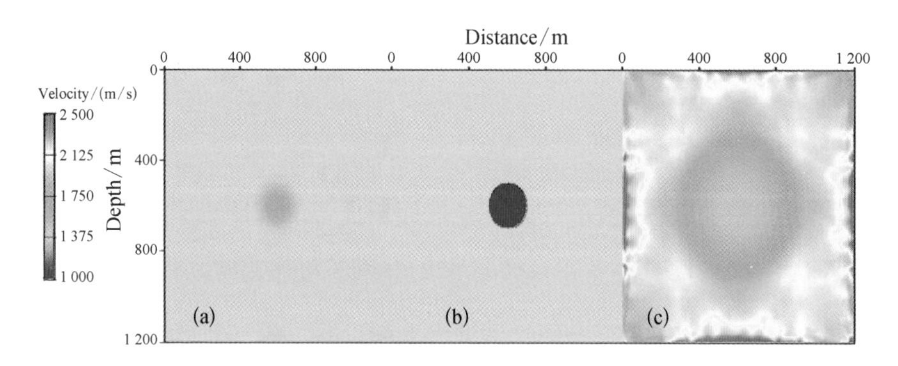

图 2-30 异常体直径 200 m,异常体速度 1 000 m/s 理论模型(b),射线层析反演结果(a)与菲涅尔体层析反演结果(c)对比图

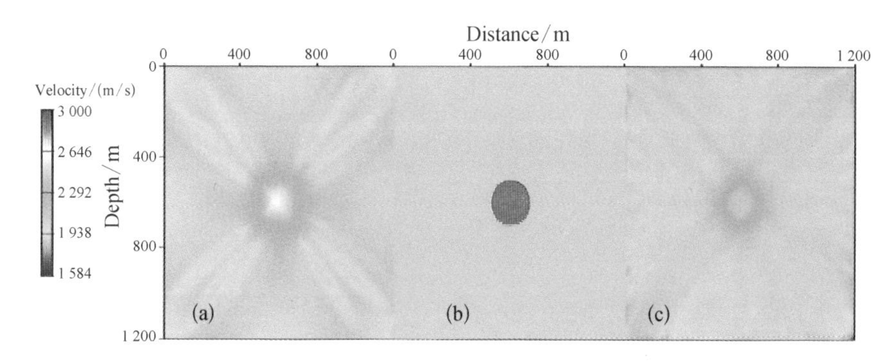

图 2-31　异常体直径 200 m,异常体速度 3 000 m/s 理论模型(b),射线层析反演结果(a)与菲涅尔体层析反演结果(c)对比图

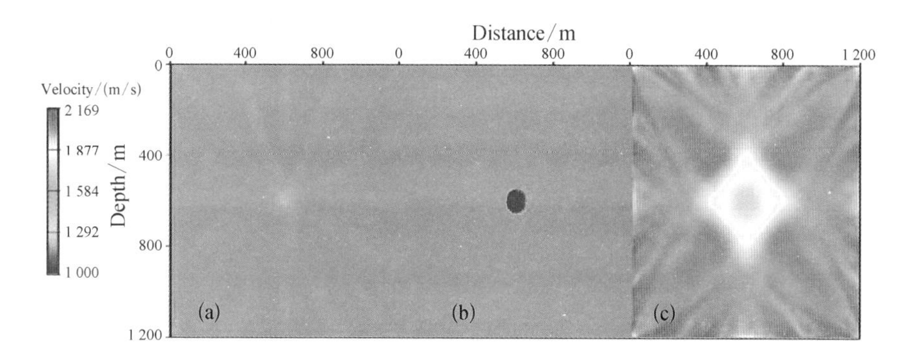

图 2-32　异常体直径 100 m,异常体速度 1 000 m/s 理论模型(b),射线层析反演结果(a)与菲涅尔体层析反演结果(c)对比图

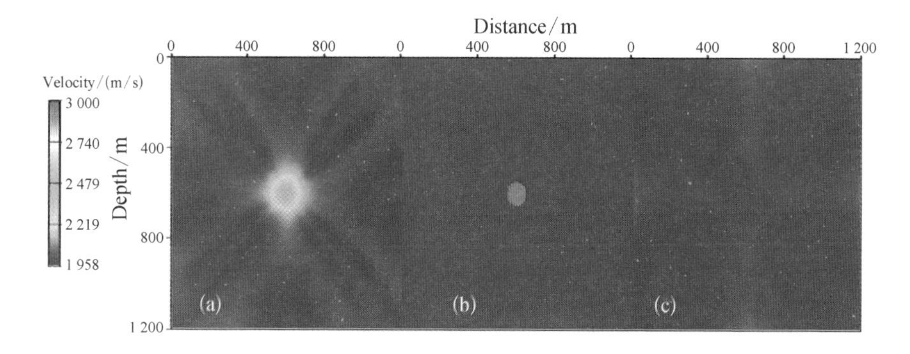

图 2-33　异常体直径 100 m,异常体速度 3 000 m/s 理论模型(b),射线层析反演结果(a)与菲涅尔体层析反演结果(c)对比图

(图 2－34(b));低速异常体实验中反演得到的低速异常值来自于波前弥合走时延迟的贡献(图 2－35(b)),异常体越大波前弥合走时延迟越大,当低速异常体尺寸很大时,波前弥合趋于消失,便可以得到透射波的初至走时,进而将低速异常体也反演出来。

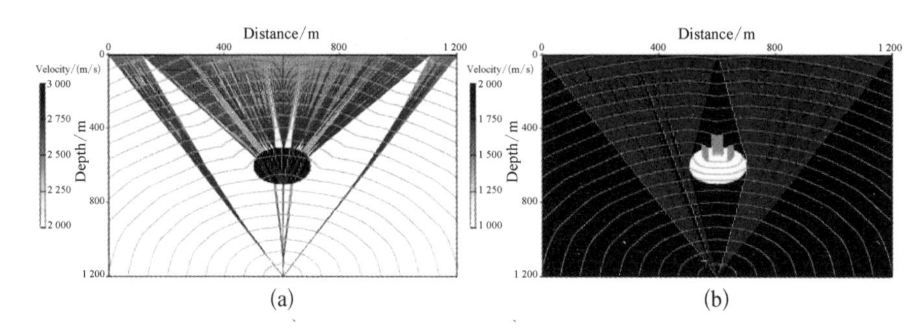

图 2－34　高速异常体(a)与低速异常体(b)的射线路径图,图中绿线为波震面

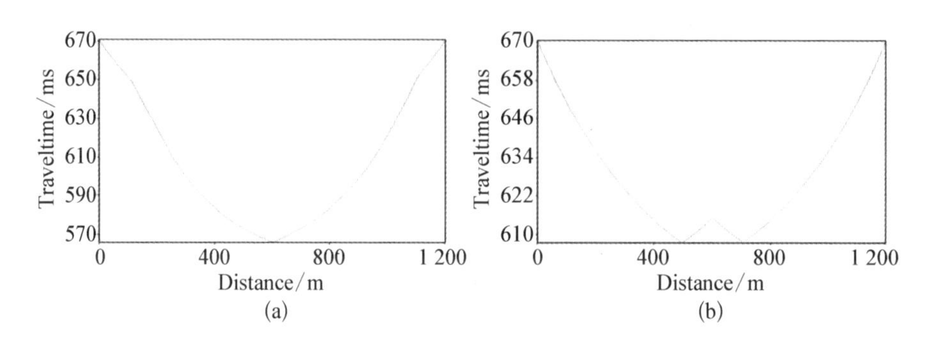

图 2－35　高速异常体(a)与低速异常体(b)的初至走时图

对于菲涅尔体地震层析成像方法,高速大尺度异常体与低速大尺度异常体被较好地反演了出来,高速小尺度异常体基本没有被反演出来,低速小尺度异常体反演的不够准确,反演出来的部分低速异常值来自于波前弥合走时延迟的贡献。

上述实验结果印证了本文总结的波前弥合对地震层析成像的影响规律。

2.4.4 结论与讨论

与香蕉-甜饼圈现象一样，波前弥合属于一种波动现象。正是由于波动具有这种属性，介质的背景场信息才能够从观测到的波场中得到。通过本文的正演模拟与层析反演实验也可以认识到，波前弥合对层析反演有严重的负面影响。最直接的负面影响就是绕射波与透射波混淆在一起，难以被区分导致最终反演结果不对或精度降低。另一个值得注意的是，绕射波虽然没有穿过异常体，但无论在运动学上还是动力学上却都受到了异常体的影响。如本文低速异常体情况下，绕射波弥合后的波震面的形状发生了微小的改变，弥合部分的波震面为两个相交的双曲线，正是由于这一点本文反演得到了异常体的尺寸。所以，如果能够更加深入地认识波前弥合的规律，将其应用于层析成像反演，反演结果必将有大的提高。本节存在的问题是，实验中的定量对比还不够深入，后续需要加强这方面的工作以为结论提供更深刻的论据。

2.5 地震层析成像的分辨率

层析成像分辨率的研究，不仅有助于说明层析方法的反演能力，评价层析反演的效果，还可以帮助指导层析参数设置，优化观测系统等。目前基于几何射线理论，对简单介质情况下的层析分辨率研究比较多，而且已经形成一些共识，但专门针对菲涅尔体走时层析成像[65, 81]，且在非均匀介质情况下的分辨率的定量研究还比较少。本节对比研究了前人提出的两种菲涅尔体层析分辨率的计算方法，并对其进行了优化。基于理论模型的分辨率定量计算，得到了一些有益的认识。

2.5.1 引言

首先,为避免引起概念上的混淆,本文沿用马在田[84]在研究反射地震偏移成像分辨率时对分辨率与分辨力的定义。即空间可分辨的最小距离为分辨力,分辨力是空间的矢量函数。分辨率为分辨力除方法的最小分辨力,即分辨率与分辨力成反比关系,这一点与传统的分辨率的定义是相同的。

近年来,许多学者从不同角度对走时层析成像分辨率进行了研究。Williamson[43],Williamson 及 Worthington[85]从散射成像的角度,通过数值模拟手段得出该方法所能分辨的最小尺度不小于第一菲涅尔带;曹俊兴与严忠琼[86]根据费马原理,对均匀介质背景条件下速度异常体的井间地震层析成像分辨率给出了估算式;裴正林等[87]通过理论模型实验,采用直射线 SIRT 方法,对井间观测系统的层析成像分辨率进行了讨论。Schuster[88]从 2D 均匀介质中孤立散射体的散射出发,导出了水平层状介质中的折射走时层析纵、横向分辨力为

$$\Delta_z^{tomo} \approx \frac{0.25 v_1}{f \cos\theta_c}; \quad \Delta_x^{tomo} \approx \lambda_2 = \frac{v_2}{f}, \tag{2-29}$$

式中,f 为地震波的主频;v_1 与 v_2 分别为界面上覆介质与下伏介质的速度;θ_c 为临界角。Schuster[88]同时给出了均匀介质井间地震走时层析成像纵、横向分辨力的解析表达式,如公式(2-30)所示:

$$\Delta_z^{tomo} \approx \sqrt{\frac{x_0 v}{f}}; \qquad \Delta_x^{tomo} \approx \frac{4x_0}{L}\sqrt{\frac{3x_0 v}{4f}} \tag{2-30}$$

式中,x_0 为半井间横向距离;L 为井深。以上分辨力的定量表达都是基于均匀介质或水平层状介质假设,对于非均匀介质情况无法得到分辨力的定量解析表达式。但根据反演理论[89],从层析方程入手,根据公式

(2-31)计算模型分辨率矩阵可以间接得到任意介质情况下的空间反演分辨率。但该方法的缺点是不够直观,即不能直接计算得到反演分辨率大小。

$$\boldsymbol{R} = G^T[GG^T]^{-1}G \tag{2-31}$$

式中,R 代表模型分辨率矩阵;G 为层析方程系数矩阵;T 表示转置。

可见,目前对于层析分辨率的研究比较多,而且已经形成一些共识。如分辨力与频率近似成反比,与速度成正比,井间垂直分辨率大于水平分辨率等。但上述对于层析分辨率的研究要么基于几何射线理论,要么基于水平层状介质假设或均匀背景介质假设,对于非均匀介质情况下的走时层析成像分辨率的定量研究还比较少。对于菲涅尔体地震层析成像方法,同样可以采用式(2-31)间接计算任意介质中的层析成像分辨率。Vasco 等[61],Watanabe 等[90], Sheng 及 Schuster[91] 等学者提出,可以根据菲涅尔体的胖度计算菲涅尔体层析成像的分辨力,即层析在某一方向上所能分辨的最小空间尺度为经过该点的所有菲涅尔体中在该方向上的最小宽度。为下文叙述方便,本文称此方法为方法Ⅰ。Sheng 及 Schuster[91] 提出,可以根据空间采样率与波数的关系,利用空间某一慢度扰动点的最大波数值来计算该点的菲涅尔体走时层析分辨力,本文称此方法为方法Ⅱ。他们的数值计算结果同时表明,在观测系统比较密的情况下,菲涅尔体层析成像方法的平均反演分辨率可以达到 $\lambda/3$。

然而这两种方法都没有考虑空间覆盖次数与空间覆盖角度的问题,因此计算出的分辨力是不准确的。为此,本文提出了上述两种方法的优化方法。考虑到方法Ⅰ存在计算量大,占用内存量与存储空间大的问题,本文根据优化后的方法Ⅱ进行了大量的二维理论模型实验,进而对菲涅尔体走时层析成像分辨力的规律进行总结,并将其与射线层析的分辨力进行了对比。本节最后给出分辨率研究对层析成像的指导作用,尤其是对变网格地震层析成像的指导作用。

2.5.2 计算方法

方法Ⅰ的计算示意图如图 2-36 所示，即只要统计出经过空间某点的所有菲涅尔体即可以计算得到该点任意方向的分辨力。可见，这种方法概念简单、易于理解，但计算量大，占用内存与存储空间大，不易实施。方法Ⅱ计算分辨力的表达式如式(2-32)所示，示意图如图 2-37 所示。

$$\Delta x_i(r) = \frac{\pi}{\max_{\eta_{sg}(r),\ T} k_{x_i}} = \frac{1}{2\max_{\eta_{sg}(r),\ T} \dfrac{|\partial_{x_i}\tau_0(r,\ g)+\partial_{x_i}\tau_0(r,\ s)|}{T}} \tag{2-32}$$

式中，$\Delta x_i(r)$ 为空间点 r 处 x_i 方向的分辨力；T 为地震波主频周期；$\tau_0(r,\ s)$ 与 $\tau_0(r,\ g)$ 分别表示震源点 s、检波点 g 到空间点 r 的走时，可以通过射线追踪计算得出；$\eta_{sg}(r)$ 表示第一菲涅尔体包含空间点 r 的炮检对 sg。这里，第一菲涅尔体在不同维度情况下是不同的，具体按照 2.2 节的定义。可见，相对于方法Ⅰ，方法Ⅱ比较复杂，难于理解，但计算简单，无需占用大量内存与磁盘空间，易于实施。

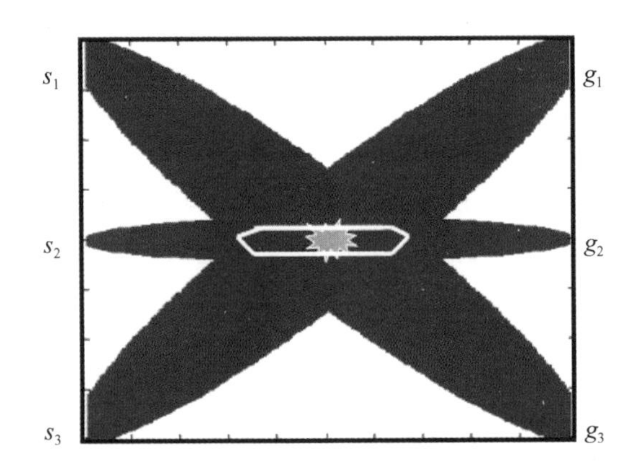

图 2-36　方法Ⅰ计算菲涅尔体层析反演分辨力示意图

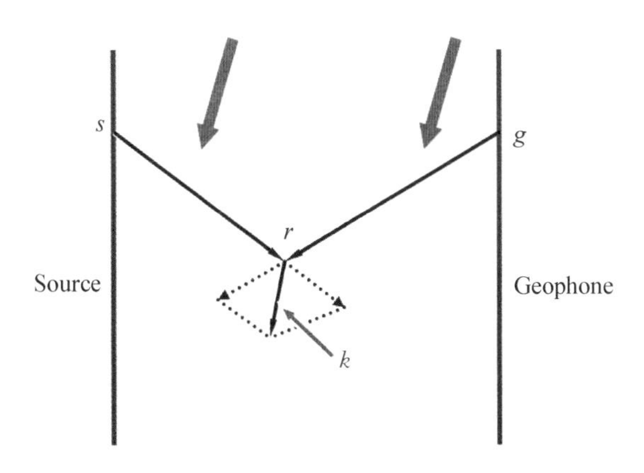

图 2-37　方法Ⅱ计算菲涅尔体层析反演分辨力示意图

然而这两种方法都没有考虑以下两个问题：① 空间慢度扰动点菲涅尔体的覆盖次数问题；② 空间慢度扰动点菲涅尔体的覆盖角度问题，即经过扰动点的菲涅尔体的空间角度范围或波数向量的方向分布范围。如果经过某一空间扰动点的菲涅尔体个数（或波数个数）很少，或是菲涅尔体的空间角度都集中在某一较小范围内（或波数向量的方向分布范围较小），这时计算出的该点分辨率是不准确的。只有经过空间某一扰动点的菲涅尔体个数（或波数个数）和菲涅尔体空间角度范围（或波数向量的方向分布范围）满足一定条件时，计算出的该点分辨率才是有效的。在观测系统比较均匀的情况下，上述两个问题是等同的，可以只考虑其中的一个问题。否则，两个问题需要同时考虑。

针对方法Ⅰ、方法Ⅱ中存在的上述问题，本文提出步骤如下的优化方法：

（1）利用菲涅尔体射线追踪统计出经过空间各点的菲涅尔体个数或波数个数（菲涅尔体角度或波数向量分布角度）；

（2）统计并绘制覆盖次数（覆盖角度）——空间点个数关系曲线；

（3）假设覆盖次数（覆盖角度）与空间点个数呈高斯分布，对该关系曲线进行最小二乘高斯曲线拟合，以得到覆盖次数（覆盖角度）高斯分布

均方差估计 $\sigma_n(\sigma_a)$；

(4) 将 $\sigma_n(\sigma_a)$作为空间点覆盖次数(覆盖角度)阀值，即只有当空间扰动点的菲涅尔体覆盖次数(覆盖角度)大于 $\sigma_n(\sigma_a)$时，才计算该点的分辨力，否则就不予计算；

(5) 模型空间中所有可以计算的点的分辨力计算完毕后再对未计算点的分辨力进行插值求取。

2.5.3 数值模拟实验

为了进行层析成像分辨率的定量计算，本文设计的二维复杂地表理论模型如图 2－38 所示。图 2－39 为根据 2 000 m 偏移距以内的地表观测系统初至数据进行射线层析与菲涅尔体层析反演的结果对比。根据图 2－39，我们可以对这两种方法的反演分辨率与精度有一个感性的认识。

根据方法Ⅱ，本文基于图 2－38 所示理论模型分别进行了地表初至波走时层析和井间初至波走时层析的数值模拟实验，进而对初至波菲涅尔体走时层析成像分辨率进行研究。

在初至波走时层析数值模拟实验中，本文通过改变地震波主频和最大偏移距等进行了多组对比实验，地震波主频分别为 10 Hz，30 Hz，60 Hz，最大偏移距分别为 1 000 m 与 2 000 m。数值实验结果如图 2－40—图 2－49 所示。

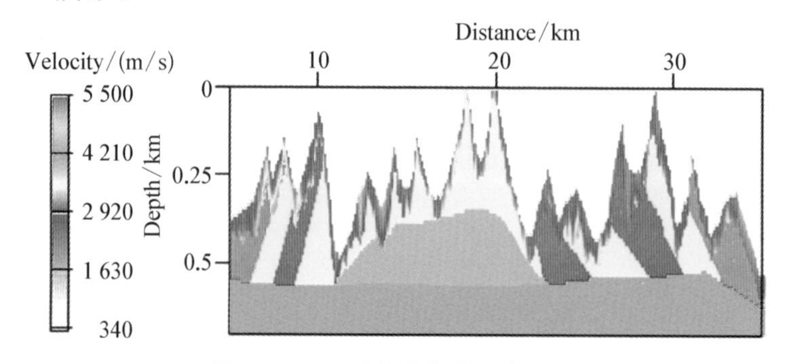

图 2－38　二维复杂起伏地表模型

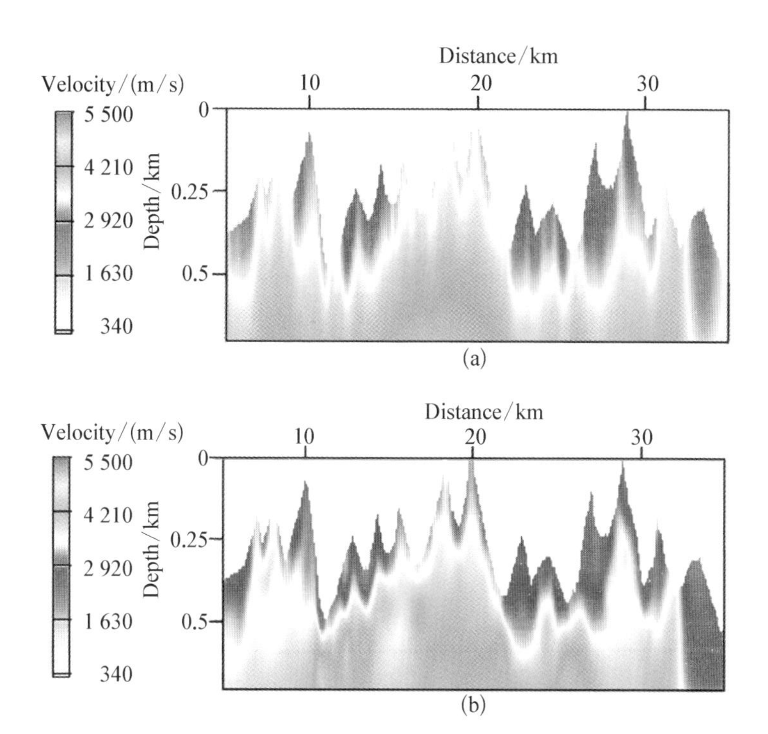

图 2 - 39　初至波(a)射线走时层析与(b)菲涅尔体走时层析成像结果

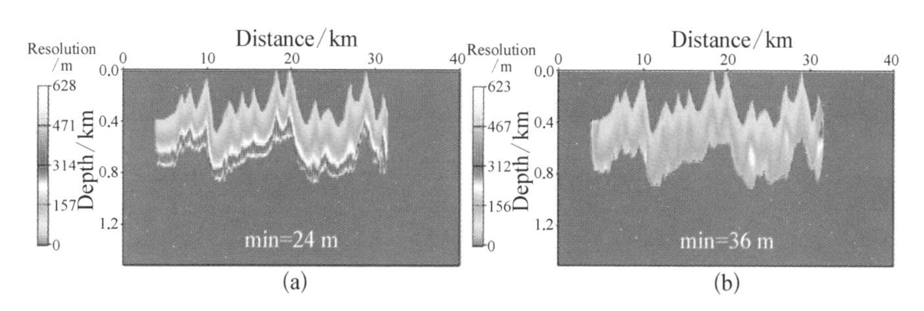

图 2 - 40　频率 10 Hz,最大偏移距 1 000 m 计算得到的横向(a)与纵向(b)分辨力

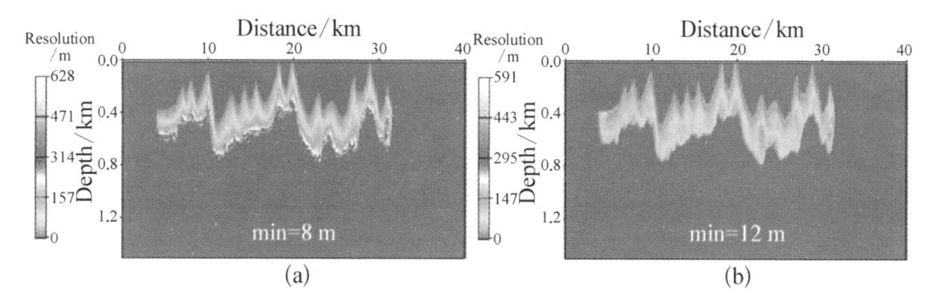

图 2 - 41　频率 30 Hz,最大偏移距 1 000 m 计算得到的横向(a)与纵向(b)分辨力

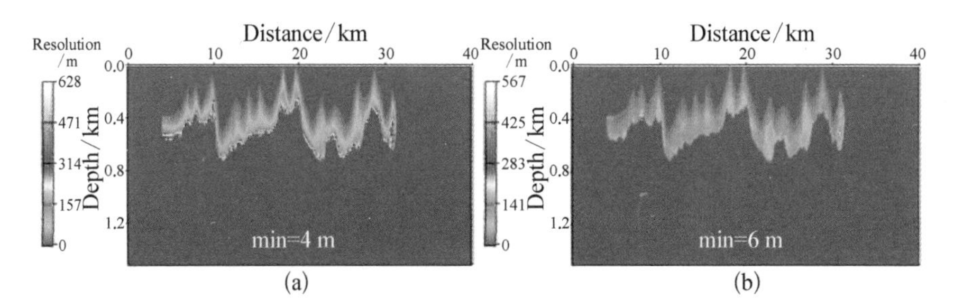

图 2-42　频率 60 Hz,最大偏移距 1 000 m 计算得到的横向(a)与纵向(b)分辨力

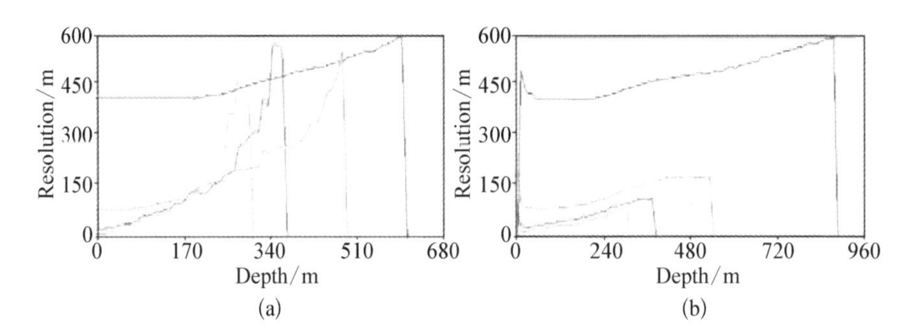

图 2-43　根据最大偏移距 1 000 m 计算得到的水平位置 20 km 处的横向(a)与纵向(b)分辨力垂直剖面。水平坐标代表深度,纵向坐标代表分辨力大小。频率分别为 2 Hz(蓝线),10 Hz(绿线),30 Hz(红线)与 60 Hz(浅蓝线)

图 2-40—图 2-43 为根据地表观测系统 1 000 m 偏移距范围内初至数据计算得到的不同主频对应的分辨率结果。可以看出菲涅尔体分布深度随频率增加而降低,这是由菲涅尔体随频率增加而变“瘦”导致的。同时可以看出,横向分辨力随深度增加而变大,而纵向分辨力则增加缓慢。对比图中标出的最小分辨力数值可以发现,浅层的横向分辨率略小于纵向分辨力,且分辨力大小与频率成反比;图 2-44 所示为 1 000 m 偏移距范围,30 Hz 主频,相同水平位置不同深度处对应的分辨力玫瑰花图。从该图可以看出,经过这些点的菲涅尔体都达到了一定的覆盖次数与覆盖角度。另外,从图中标出的最小横、纵向分辨力数值同样可以看出横向分辨力随深度的快速增加与纵向分辨率随深度的缓慢增加;图 2-45—图 2-48 所示为根据地表观测系统 2 000 m 偏移距范围内初至数据计算

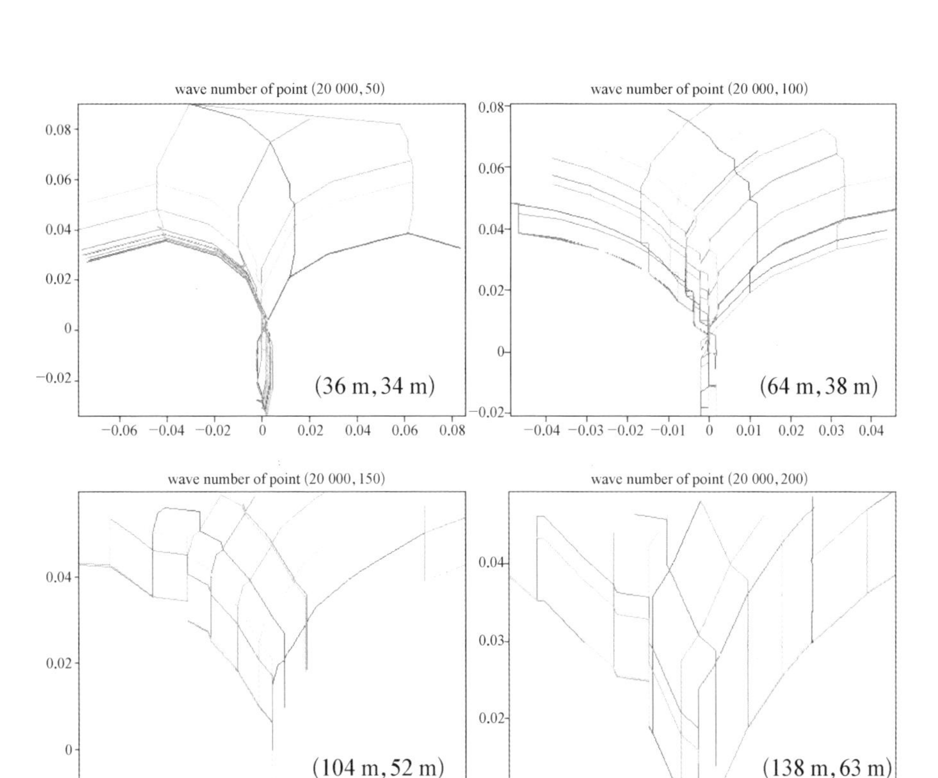

图 2－44　频率 30 Hz,最大偏移距 1 000 m 计算得到的空间坐标(20 000,50),(20 000,100),(20 000,150),(20 000,200)处对应的分辨力玫瑰花图。水平坐标代表 k_x,纵向坐标代表 k_z。同一颜色曲线代表菲涅尔体经过同一空间点相同激发点不同接收点对应的 $\boldsymbol{K}$。图中坐标表示最小横向分辨力与最小纵向分辨力

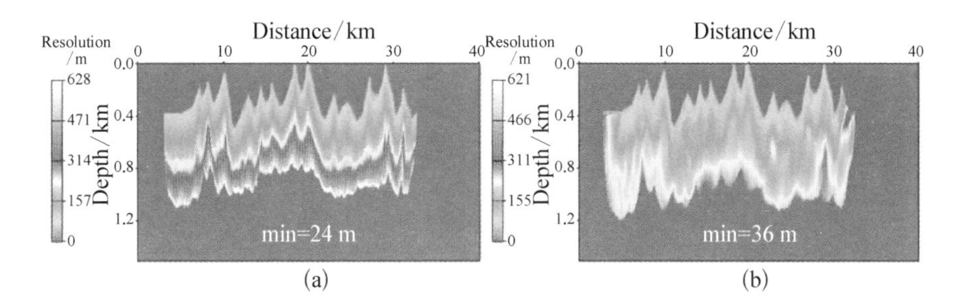

图 2－45　频率 10 Hz,最大偏移距 2 000 m 计算得到的横向(a)与纵向(b)分辨力

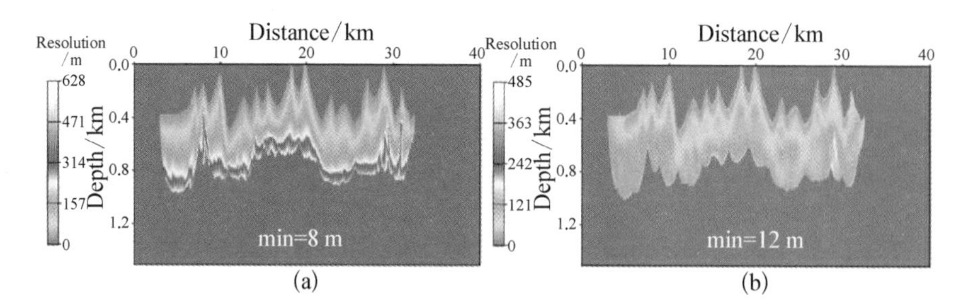

图 2-46　频率 30 Hz,最大偏移距 2 000 m 计算得到的横向(a)与纵向(b)分辨力

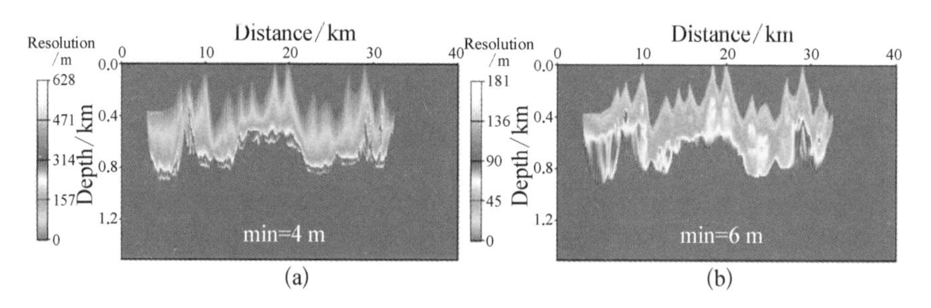

图 2-47　频率 60 Hz,最大偏移距 2 000 m 计算得到的横向(a)与纵向(b)分辨力

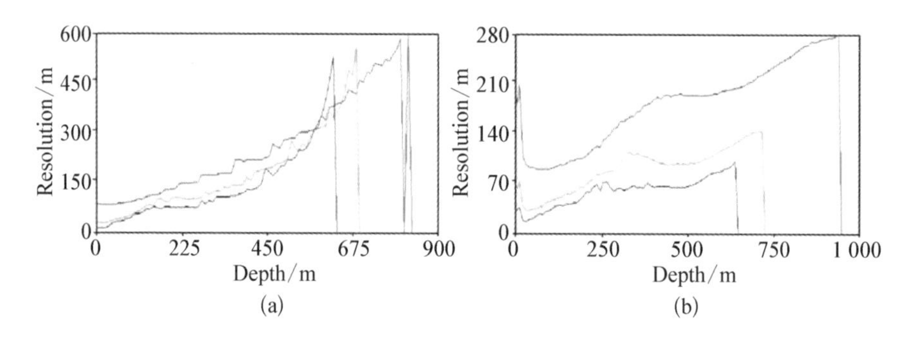

图 2-48　根据最大偏移距 2 000 m 计算得到的水平位置 20 000 m 处的横向(a)与纵向(b)分辨力垂直剖面。水平坐标代表深度,纵向坐标代表分辨力大小。频率分别为 10 Hz(红线),30 Hz(绿线)与 60 Hz(蓝线)

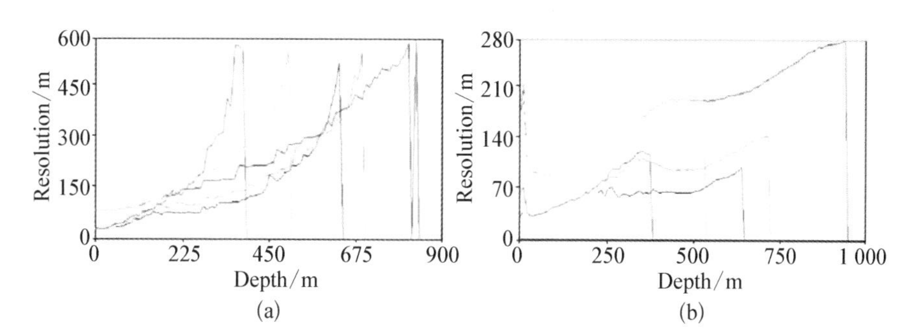

图 2-49　根据不同偏移距，不同频率计算得到的水平位置 20 000 m 处的横向(a)与纵向(b)分辨力垂直剖面。水平坐标代表深度，纵向坐标代表分辨力大小。其中红线为 2 000 m，10 Hz；绿线为 2 000 m，30 Hz；蓝线为 2 000 m，60 Hz；浅蓝线为 1 000 m，10 Hz；粉线为 1 000 m，30 Hz；黄线为 1 000 m，60 Hz

得到的不同主频对应的分辨率结果，基本可以反映出与图 2-40—图 2-43 相同的规律。同时，对比图 2-45—图 2-48 与图 2-40—图 2-43 可以发现，偏移距增大菲涅尔体分布范围深度增加，这是偏移距增加导致射线深度增加造成的；图 2-49 为图 2-40—图 2-48 的综合对比，可以看出，偏移距增大浅层(图 2-49 中 200 m 以内)的横向分辨力与纵向分辨力变化都不大。但可以有效降低小偏移距的深部(图 2-49 中 200～500 m)横向分辨力，对小偏移距的深部纵向分辨力降低不大。

因此，地表初至波走时层析分辨率计算实验结果表明：(1) 纵、横向分辨力与频率成反比，与速度近正比；(2) 横向分辨力随着深度增加而迅速增加，纵向分辨力则随深度变化不大；(3) 一般地，浅层横向分辨力小于浅层纵向分辨力，而深层横向分辨力大于深层纵向分辨力；(4) 增加偏移距信息，浅层分辨力的减小不大，但可以有效降低深部的横向分辨力。

井间初至波走时层析实验的理论模型如图 2-50 所示，即在图 2-38 所示的水平位置 19 km 与 21 km 处分别放置一激发井与一接收井。井深 1 500 m，井间距 2 000 m。分辨力计算结果如图 2-51—图 2-56 所示。

图 2-51—图 2-53 所示为不同主频对应的层析反演分辨力计算结果，从该结果可以看出，分辨力仍然随频率增加而降低，且最小分辨力数

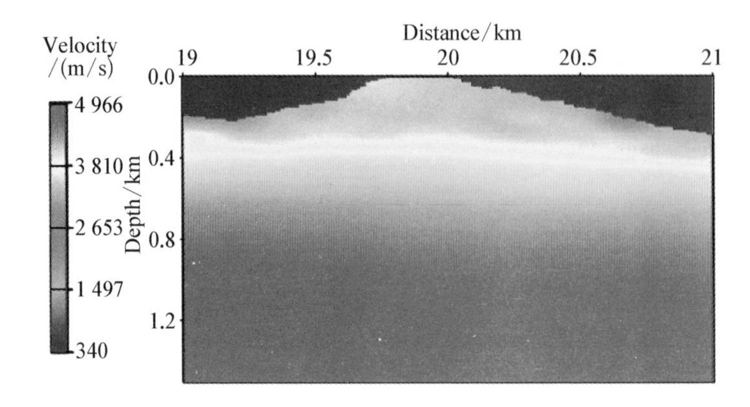

图 2-50　井间层析成像理论模型，激发井与接收井分别位于模型的两边

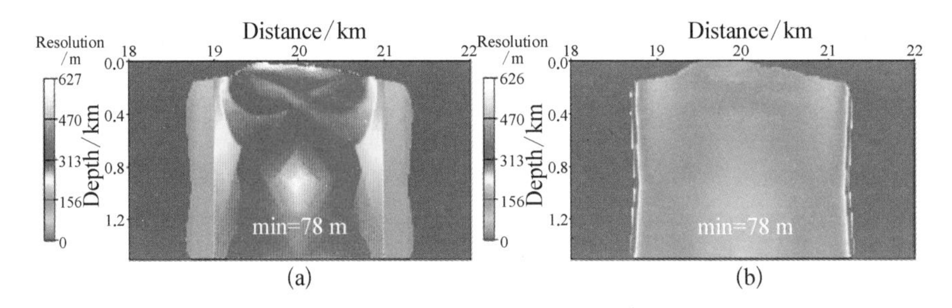

图 2-51　频率 10 Hz，井间层析计算得到的横向(a)与纵向(b)分辨力

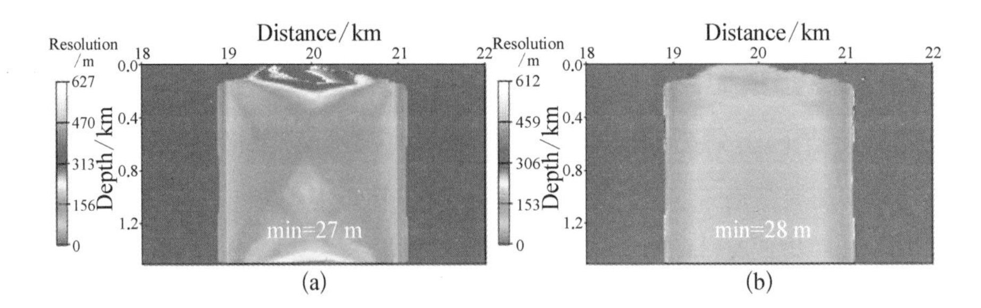

图 2-52　频率 30 Hz，井间层析计算得到的横向(a)与纵向(b)分辨力

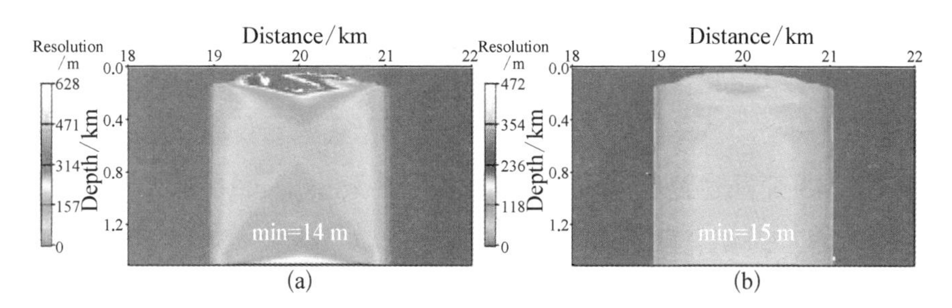

图 2-53　频率 60 Hz，井间层析计算得到的横向(a)与纵向(b)分辨力

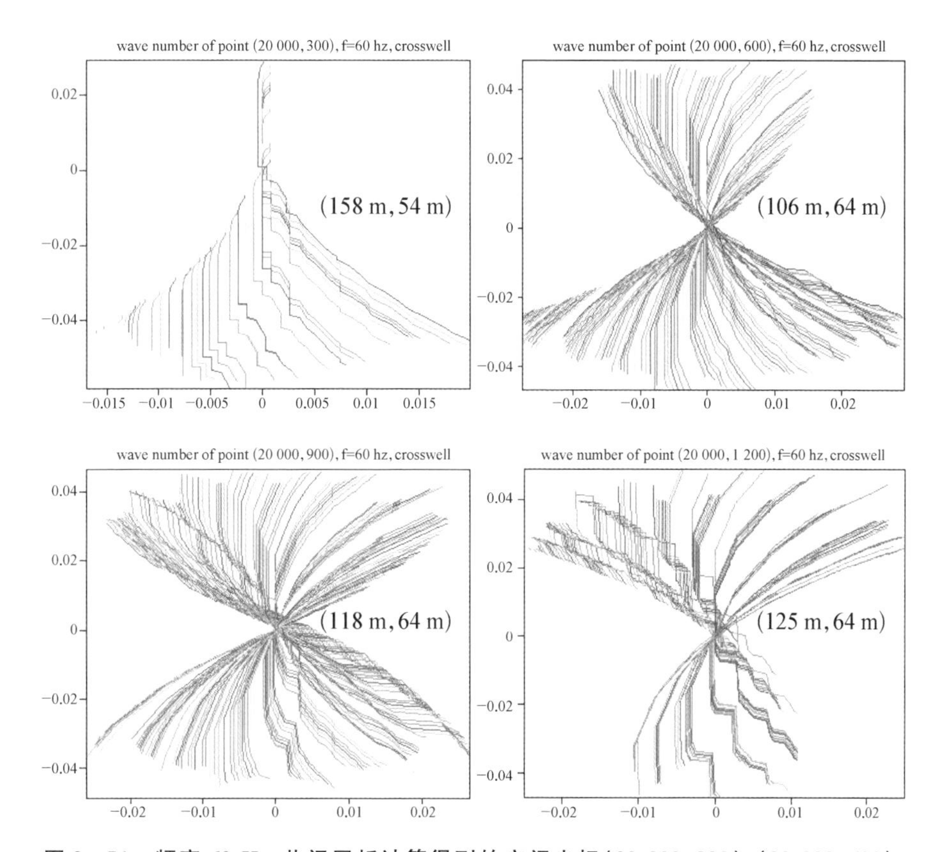

图 2-54　频率 60 Hz，井间层析计算得到的空间坐标(20 000，300)，(20 000，600)，(20 000，900)，(20 000，1 200)处对应的分辨力玫瑰花图。水平坐标代表 k_x，纵向坐标代表 k_z。同一颜色曲线代表菲涅尔体经过同一空间点相同激发点不同接收点对应的 $\boldsymbol{K}$。图中的坐标表示最小横向分辨力与最小纵向分辨力

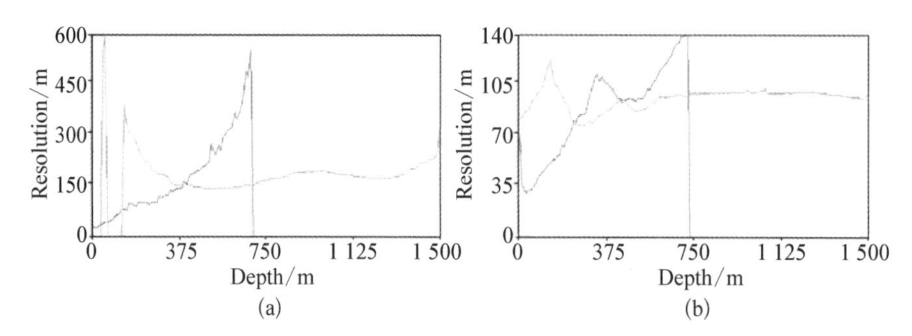

图 2-55　初至层析(红线)与井间层析(绿线)在水平位置 20 000 m 处的横向(a)与纵向(b)分辨力垂直剖面对比。水平坐标代表深度,纵向坐标代表分辨力大小

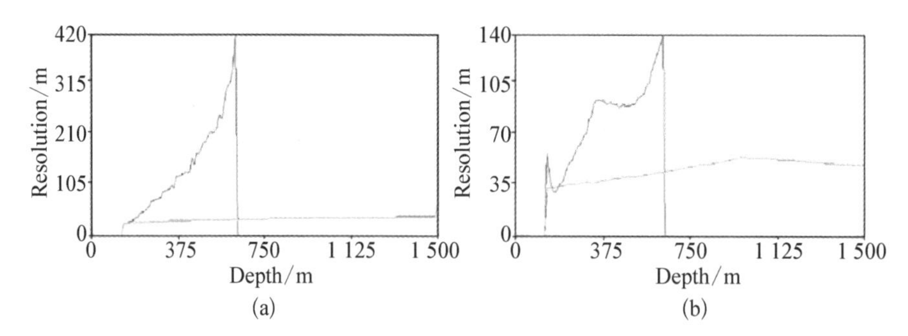

图 2-56　初至层析(红线)与井间层析(绿线)在水平位置 19 500 m 处的横向(a)与纵向(b)分辨力垂直剖面对比。水平坐标代表深度,纵向坐标代表分辨力大小

值表明分辨力与频率成反比。分辨率剖面与理论模型速度分布有一定的相似性,说明分辨力与速度近似成正比。同时,平均横向分辨力大于平均纵向分辨力。分辨率随深度的变化不大,但横向上从井中心向两边缓慢减小;图 2-54 所示为 60 Hz 主频,水平方向位置相同,深度不同的 4 个位置的分辨力玫瑰花图。从该图可以看出,经过这些点的菲涅尔体都达到了一定的覆盖次数与覆盖角度。另外,从图中标出的最小横、纵向分辨力数值同样可以看出分辨力与深度的无关性,及横向分辨力大于纵向分辨力;图 2-55—图 2-56 所示为地表观测系统与井间观测系统层析成像分辨力的对比,可以看出,虽然井间层析不能有效降低浅层的分辨力,但可以明显降低深部的分辨力,且井间层析的分辨力总体上小于地表层析的分辨力。

因此，井间初至波走时层析分辨率计算实验结果表明：(1) 分辨力仍与频率成反比，与速度近正比，但随深度变化不大；(2) 一般地，横向分辨力大于纵向分辨力；(3) 井中心位置处的分辨力大于两边的分辨力；(4) 井间层析并不能减小浅层的分辨力，但可以有效地降低深部的分辨力。

根据以上数值实验总结的规律可以看出，本文总结的适用于非均匀介质情况的部分规律与 Schuster[88] 给出的水平层状介质假设前提下地表走时层析分辨力的解析表达式(2－29)与均匀背景介质假设下的井间层析分辨率表达式(2－30)所反映的规律是基本相同的。

2.5.4　分辨率研究的指导作用

上述理论模型实验并没有全面地定量对比射线层析与菲涅尔体层析的分辨力大小，但在频率等于 30 Hz 的情况下，根据式(2－29)计算得到速度为 3 000 m/s 的(20 000 m，50 m)处的射线初至层析反演纵、横向分辨力分别为 50 m 与 100 m，即为 $\lambda/2$ 与 λ。而菲涅尔体初至层析反演纵、横向分辨力则近似为 20 m 与 40 m，即为 $\lambda/5$ 与 $2\lambda/5$，这与 Sheng 及 Schuster[91] 提出的 $\lambda/3$ 分辨率比较接近。在频率等于 30 Hz 的情况下，根据式(2－30)计算得到的射线井间层析中心位置处(速度为 4 500 m/s)的纵、横向分辨力近似为 300 m 与 800 m，即为 2λ 与 5λ。而上述井间层析实验计算得到的菲涅尔体层析反演中心位置处的纵、横向分辨力则近似为 75 m 与 150 m，即为 $\lambda/2$ 与 λ。因此，菲涅尔体层析比射线层析具有更好的反演效果与更高的反演分辨率。

层析成像反演分辨率除与采用的反演方法有关外，还与观测系统，地震波频带，介质速度分布等多种因素有关。只有在介质分布简单，观测系统连续的假设前提下才能给出理论上的反演分辨率解析表达式。否则，很难在理论上定量地给出一种反演方法的分辨率大小，准确的分辨率只能在反演之后或在反演过程中采用类似于上述Ⅰ、Ⅱ的方法通过数值计算得到。

从以上数值实验可以看出，菲涅尔体层析分辨率与多种因素有关，除介质本身速度分布外，还主要与观测系统、地震波主频、层析参数等有关。对于层析成像而言，真实的地下介质速度分布是永远无法知道的，即层析分辨率计算所依托的速度模型只能是具有一定不确定性的层析初始模型或迭代更新后的模型，因此确定的观测系统、地震波主频与层析参数对层析分辨率起到了决定性的作用。同时，以上总结的层析分辨率规律又反过来对以上影响因素有一定的指导作用。

(1) 如果只关心浅层的反演效果，可以采用地表观测；如果关心深层反演效果，可以采用井间观测；如兼顾二者，则应采用联合观测。为了获得均匀的反演分辨率，可以通过对比观察层析分辨率剖面，对分辨率相对低的区域加密观测系统。为了获得更加精细的表层反演结果，可以加密观测系统，但不必加大排列。

(2) 理论上，地震波主频的提高对层析反演分辨率的提高有重要作用，但主频的提高对其他地震数据处理可能会带来负面影响，包括层析初始模型的获得，因此，实际未必可行。

(3) 可以采用变网格层析成像方法，这样做可以在不影响反演分辨率的前提下大大提高计算效率。

对于地表初至层析成像，变网格剖分的原则如下：

(a) 浅部采用小网格，深部采用大网格；

(b) 浅部采用“窄”网格，深部采用“扁”网格；

(c) 横向网格大小随着深度可以从 $\lambda/8$ 变化到 $2\sim4\lambda$；

(d) 纵向网格大小随着深度可以从 $\lambda/4$ 变化到 $1\sim2\lambda$。

综合以上 4 点，本文给出了变网格初至层析模型剖分示意图，如图 2-57 所示。

对于井间层析成像，变网格剖分的原则如下：

(a) 水平方向靠近中心处采用大网格，远离中心处采用小网格；

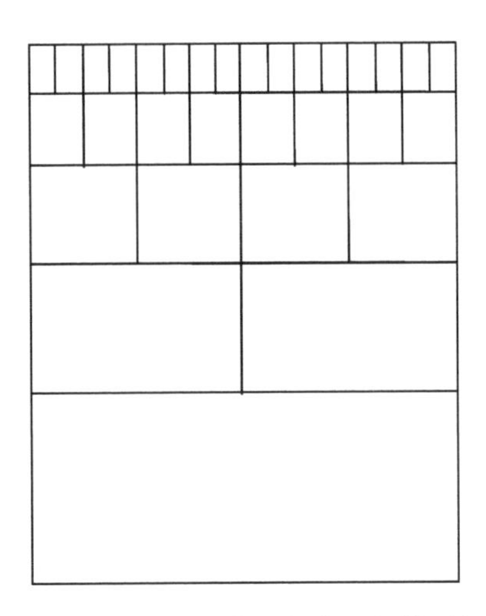

图 2-57　地表初至变网格菲涅尔体层析模型剖分示意图

(b) 模型采用“扁”网格剖分；

(c) 横向网格大小随着远离中心可以从 2λ 变化到 $\lambda/4$；

(d) 纵向网格大小随着远离中心可以从 λ 变化到 $\lambda/8$。

综合以上 4 点，本文给出了变网格井间层析模型剖分示意图，如图 2-58 所示。

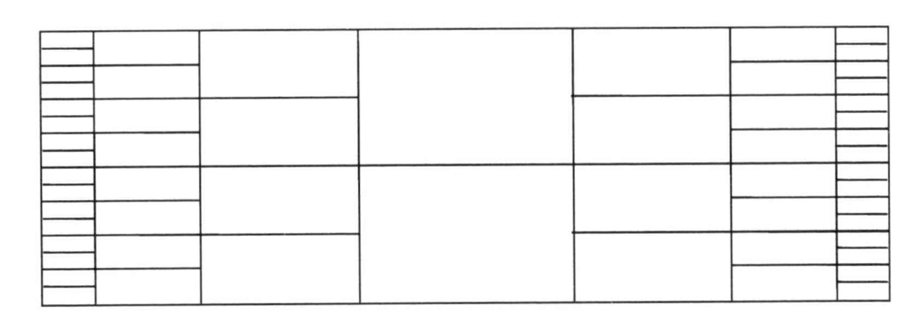

图 2-58　井间变网格层析模型剖分示意图

如果未来的观测系统能够实现地面激发，地下水平井接收(不妨称为水平井间)的话，变网格剖分的原则如下：

(a) 水平方向靠近中心处采用大网格，远离中心处采用小网格；

(b) 模型采用“窄”网格剖分；

(c) 横向网格大小随着远离中心可以从 λ 变化到 $\lambda/8$；

(d) 纵向网格大小随着远离中心可以从 2λ 变化到 $\lambda/4$。

综合以上 4 点，本文给出了变网格水平井间层析模型剖分示意图，如图 2-59 所示。

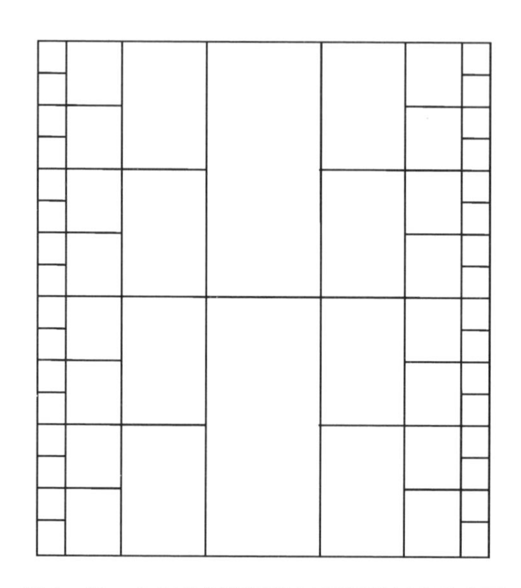

图 2-59　水平井间变网格层析模型剖分示意图

上述 3 种层析成像中的平滑窗大小也可以按照同样的方法变化实现动态平滑。

2.5.5　结论

本文采用前人提出的方法，通过多组理论模型实验对菲涅尔体层析成像的分辨力进行了计算。在计算过程中，通过考虑空间中不同点的覆盖次数及覆盖方向对该前人提出的方法进行了优化。分辨力计算结果表明菲涅尔体层析比射线层析具有更高的反演分辨率。同时，对目前常用的观测系统对应的地表初至层析与井间透射层析的分辨力规律进行了总结，进而提出了分辨率规律对观测系统与层析成像的指导作用，尤其是提出了变网格层析成像模型剖分的策略。遗憾的是，本文尚未实现变网格层析成像方法，因此无法对提出的模型剖分策略进行对比验证，这将在以后的研究工作中完成。另外，本文的理论模型实验虽然都是基于二维模型，但分辨率计算方法与优化方法、总结的层析分辨率规律与分辨率研究指导作用同样适用于三维情况。

2.6　基于射线理论的格林函数计算

格林函数在均匀介质情况下具有解析表达式，如式(2-25)所示。在非均匀介质情况，格林函数可以基于双程或单程波动方程在时间域或频率域采用有限差分或边界元等算法进行计算，但计算量大，内存占用量大。格林函数也可以在射线理论下计算，但计算精度只有在高频情况下才能得到保证，随着频率的降低计算误差将会增加[92]。地震波的频率高低与所反演的异常体的尺度是相关的，即在反演分辨率可以接受的情况下采用射线理论实现格林函数的快速计算是可行的。

采用波动方程计算格林函数的方法可以参考 Pratt[45, 93, 94]，Jo 等[95]，Shin[96]等学者的文献，这里不再赘述。下面分别叙述采用运动学射线追踪与动力学射线追踪计算格林函数的方法，尤其是本文提出了采用高斯束近似计算傍轴格林函数的方法，这样可以大大节省动力学射线追踪计算菲涅尔体范围内空间任一点格林函数的计算量。

2.6.1　运动学射线追踪计算格林函数

Snieder 及 Lomax[63]给出了三维平滑参考介质格林函数计算公式：

$$G^{3D}(r,\ s)=\frac{1}{4\pi}\sqrt{\frac{\rho(r)v(r)}{\rho(s)v(s)}}\ \frac{\mathrm{e}^{i\omega\tau(r,\ s)}}{\sqrt{J^{3D}(r,\ s)}} \tag{2-33a}$$

同样可以推导出二维平滑参考介质的格林函数,如式(2-33b)所示:

$$G^{2D}(r,\ s)=\sqrt{\frac{\rho(r)v(r)}{8\pi\omega J^{2D}(r,\ s)}}\cdot e^{i\left(\omega\tau+\frac{\pi}{4}\right)} \tag{2-33b}$$

式(2-33)中,ρ, v 分别为密度与速度,ω 为圆频率。$J^{2D}(r,\ s)$ 与 $J^{3D}(r,\ s)$ 分别为二维与三维 Jacobi 行列式。根据Červený[97],Jacobi 行列式反映的是地震波能量流的扩散系数。Vidale[98]提出了计算非均匀介质 Jacobi 行列式的方法,如图 2-60 与式(2-34)所示。

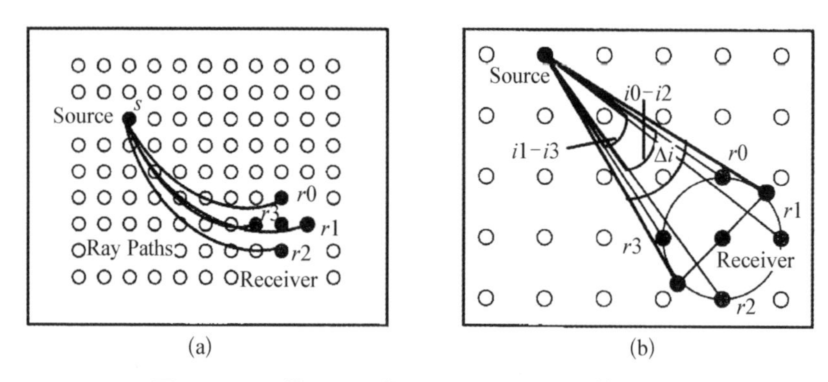

图 2-60 二维(a)、三维(b)Jacobi 行列式计算示意图

$$\Delta i=\sqrt{(i0-i2)^2+(i1-i3)^2}\approx \mathrm{d}S * J(r,\ s)^{-1} \tag{2-34}$$

即,对于二维情况,$J^{2D}(r,\ s)$ 等于炮点 s 激发的能量流在接收点 r 处的弥散宽度与 s 处的起始能量流张角之比。对于三维情况,$J^{3D}(r,\ s)$ 等于炮点 s 激发的能量流在接收点 r 处的弥散面积与 s 处的两个起始能量流张角乘积之比。

由此可见,采用此方法欲得到一炮检对对应的菲涅尔体需要计算出激发点到空间任意一点的射线路径,这样的计算量无疑仍是很大的。同时,由于此方法受射线追踪精度的约束,计算的格林函数的精度也难以得到保障。

2.6.2　动力学射线追踪计算格林函数

沿着已知的一条中心射线路径，在一定的初始条件下求解中心射线坐标系下(图 2-61)的动力学射线追踪方程组(2-35)即可得到中心射线路径上任意一点的转换矩阵 P 与 Q[99]：

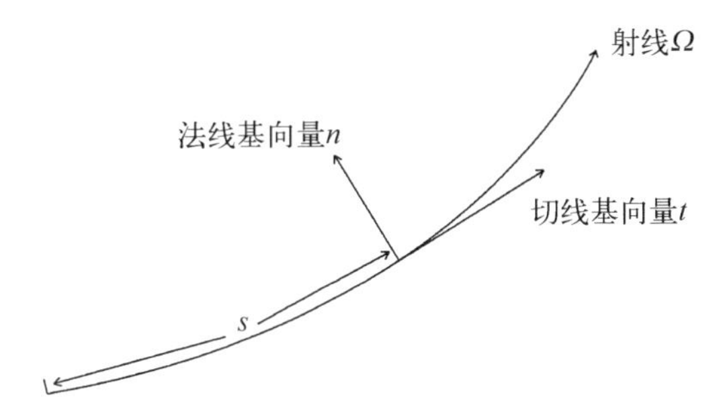

图 2-61　二维情况下的中心射线坐标系

$$\begin{cases} \dfrac{\mathrm{d}Q}{\mathrm{d}s} = vp \\ \dfrac{\mathrm{d}P}{\mathrm{d}s} = -VQ/v^2 \end{cases} \tag{2-35}$$

其中，s 为沿着中心射线的弧长，v 为射线路径上任意一点的速度。在三维情况下，Q、P、V 都是 2×2 的矩阵。Q 为射线坐标系 γ 到中心射线坐标系 q 的转换矩阵，P 为地震波相空间从射线坐标系 γ 到中心射线坐标系 q 的转换矩阵，V 为射线路径上任意一点速度相对于中心射线坐标系 q_1，q_2 的二阶偏导数，如式(2-36)所示：

$$Q_{ij} = \frac{\partial q_i}{\partial \gamma_j},\quad P_{ij} = \frac{\partial p_i}{\partial \gamma_j},\quad V_{ij} = \frac{\partial^2 v}{\partial q_1 \partial q_2} \tag{2-36}$$

其中，p 为地震波在中心射线坐标系下的相空间，即 $p_i = \dfrac{\partial \tau}{\partial q_i}$。

设已知点源 S 处于非均匀无反射介质中，R 为接收点。根据 Červený[97]，在该介质中，频率域格林函数可以表示为式(2-37)：

$$G(R, S, \omega) = U(R, S)\exp\{i\omega T(R, S)\} \tag{2-37a}$$

其中，

$$U(R, S) = \frac{\sqrt{\rho(S)\rho(R)v(S)v(R)}}{4\pi\sqrt{|J(R, S)|}} \tag{2-37b}$$

式(2-37)中，$T(R, S)$表示点S到点R的旅行时，$J(R, S)$为从点S到点R的雅克比行列式。根据动力学射线追踪，则

$$J(R, S) = \det Q(R, S) \tag{2-38}$$

其中，det 表示取行列式。

根据动力学射线追踪方程组(2-35)求得射线路径上R点的转换矩阵Q，再根据式(2-38)求得 Jacobi 行列式$J(R, S)$，将其代入式(2-37)，即可得到S点激发，点R处的格林函数$G(R, S, \omega)$。

然而，采用上述方法只能计算得到沿着中心射线的格林函数。为了计算菲涅尔体，必须同时计算中心射线邻域，即傍轴的格林函数。也就是说，如果仍然采用此方法则不得不计算激发点S到空间中任意一点的射线路径，这样的计算量无疑也是很大的。为了只沿着中心射线路径进行动力学射线追踪即可计算射线路径上及其傍轴的格林函数，本文采用计算高斯束的方法计算傍轴格林函数。

高斯束是弹性动力学方程集中于射线附近的高频渐进解，无论在二维还是在三维情况下，该解在频率域都具有如下统一的表达形式：

$$\begin{aligned} u^{beam}(q, s) &= U(s)\exp\left\{-i\omega\left[t - T(s) - \frac{1}{2}q^T M(s) q\right]\right\} \\ &= U(s)\exp\left\{-i\omega\left[t - T(s) - \frac{1}{2}q^T \mathrm{Re}(M(s)) q\right]\right\} \\ &\quad \times \exp\left[-\frac{1}{2}\omega q^T \mathrm{Im}(M(s)) q\right] \end{aligned} \tag{2-39}$$

其中，t 为时间参量，控制高斯束的初相位，$T(s)$ 表示波沿中心射线的传播时间。向量 q 为中心射线坐标系下的傍轴坐标，二维情况下，$q=(q_1)$，三维情况下，$q=\begin{pmatrix}q_1\\q_2\end{pmatrix}$。$s$ 为沿中心射线距离参考点的弧长，$M(s)$ 为旅行时场在中心射线坐标系下相对于空间坐标的两阶偏导数。

$$M=PQ^{-1}。\tag{2-40}$$

式中，M, P, Q 皆为复数，即高斯束需要求解复数域的动力学射线追踪方程组(2-35)才能得到。

高斯束可以模拟复杂波动现象，甚至进行理论波场合成。经过二维均匀介质空间中一球形高速异常体附近的射线所对应的高斯束的振幅如图 2-62(a)所示。高速异常体有散焦效应，从射线束上可以看出 A、B 两个第一类焦散点[57]。以$-10°$出射的射线所对应的高斯束正好经过了焦散点 A，从图中可以看出它所对应的高斯束比较好地反映出了该焦散点的位置、形态与能量。经过二维均匀介质空间中一球形低速异常体附近的射线所对应的高斯束的振幅如图 2-62(b)所示。低速异常体有聚焦效应，从射线束上同样可以看出 A、B 两个第一类焦散点。以$-10°$出射的射线所对应的高斯束正好经过了焦散点 A，从图中可以看出它所对应的高斯束也比较好地反映出了该焦散点的位置、形态与能量。同

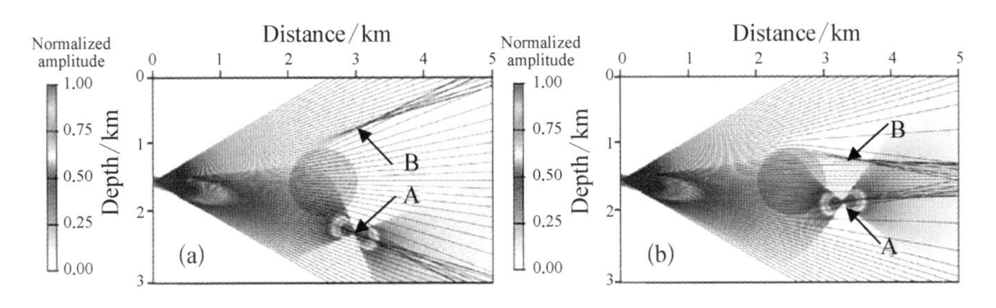

图 2-62　经过二维均匀介质空间中一球形低速(a)/高速(b)异常体附近的射线所对应的高斯束。蓝线表示以不同角度从源点出射的一束射线，灰色圆形表示低速(−10%)或高速(+10%)异常体

时,从图 2-62 可以明显看出,在射线方向高斯束能量随远离激发点而减弱,在垂直于射线方向高斯束能量随远离中心射线而减弱。这说明本文的二维高斯束计算是正确的。

三维均匀模型与三维径向常梯度模型 $v(z)=2\,000+5z$ 对应的高斯束的振幅如图 2-63 所示。同样可以明显看出,在射线方向高斯束能量随远离激发点而减弱,在垂直于射线方向(注意横切面)高斯束能量随远离中心射线而减弱。这说明本文的三维高斯束计算是正确的。

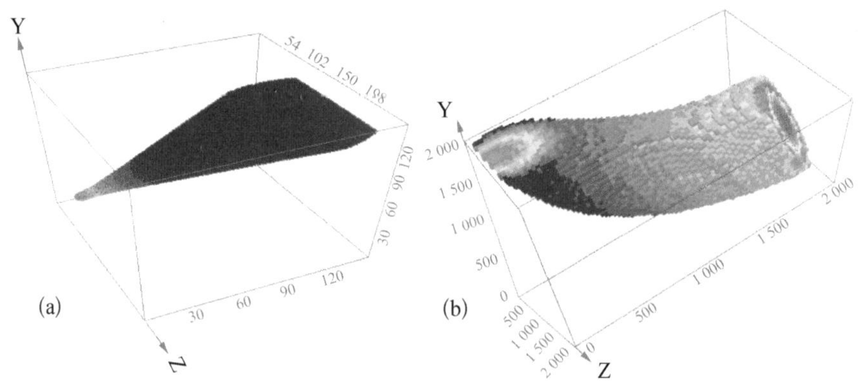

图 2-63 三维均匀介质(a)与三维径向常梯度介质(b)中一射线对应的理论合成高斯束

既然高斯束是弹性动力学方程集中于射线附近的高频渐进解,它同样代表了集中于射线附近的高频格林函数。为了在得到射线路径上格林函数的同时得到傍轴格林函数,不妨取式(2-39)中时间参数 t 等于零,即高频格林函数为

$$
\begin{aligned}
G(q_1, q_2, s) &= U(s)\exp\left\{i\omega\left[T(s)+\frac{1}{2}q^T M(s) q\right]\right\} \\
&= U(s)\exp\left\{i\omega\left[T(s)+\frac{1}{2}q^T \mathrm{Re}(M(s)) q\right]\right\} \\
&\quad \times \exp\left[-\frac{1}{2}\omega q^T \mathrm{Im}(M(s)) q\right]。
\end{aligned}
\tag{2-41}
$$

式(2-41)即为动力学射线追踪计算格林函数的表达式。该格林函数的精度受频率的制约，即高频傍轴格林函数的精度随频率的减小而降低。

现将采用高斯束计算格林函数的方法应用于本章第 2 节透射波菲涅尔体地震层析成像的理论模型实验，反演结果如图 2-64(a)所示。为方便对比，基于波动方程计算格林函数的菲涅尔体层析成像反演结果如

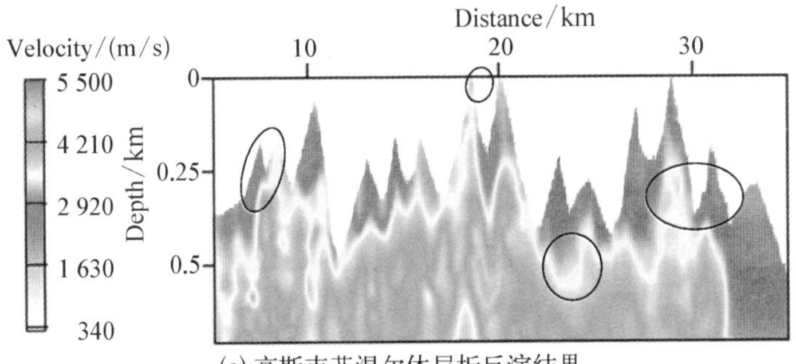

(a) 高斯束菲涅尔体层析反演结果

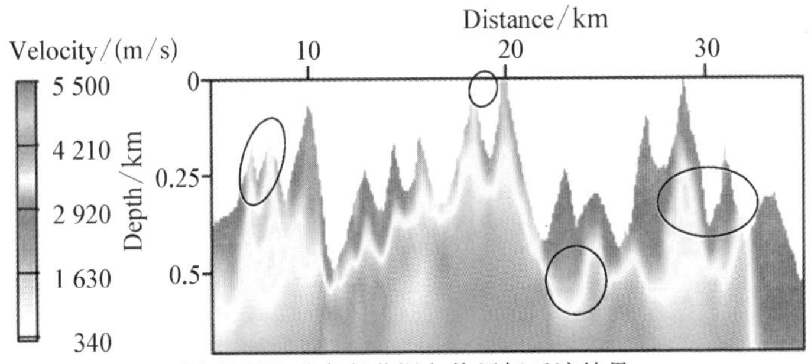

(b) 双程波动方程菲涅尔体层析反演结果

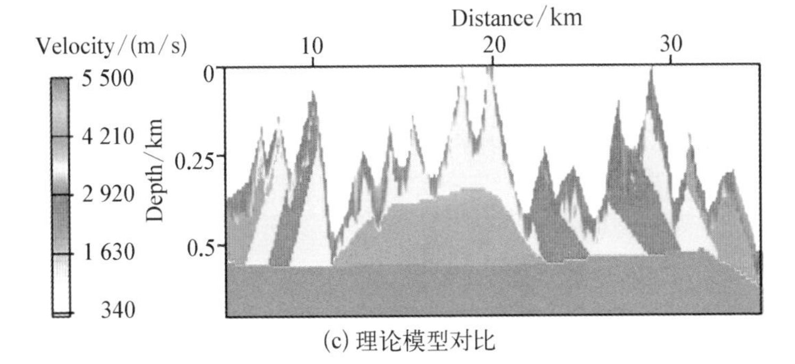

(c) 理论模型对比

图 2-64

图 2-64(b)所示,理论模型如图 2-64(c)所示。从该结果可以看出,高斯束菲涅尔体层析反演在深部劣于双程波动方程菲涅尔体层析反演结果,但表层介质的速度信息基本也正确地反演了出来,甚至标记处的局部还优于后者。

第3章 地震层析成像在表层速度结构反演中的应用

作为论文的应用研究部分，本章详细阐述了地震层析成像中的几个关键问题及本文提出的解决方法。虽然在介绍这些问题及其解决方法的过程中，主要针对的是地震层析成像方法在表层速度结构反演中的应用，但这些问题及其解决方法同样适用于其他（非）地震层析成像方法，当然也包括菲涅尔体地震层析成像方法。这些关键问题包括初始模型的建立（第 1 节）；有效利用先验信息的正则化方法（第 2 节）；考虑偏移距加权的协方差矩阵的利用（第 3 节）；反射层析中速度、深度同时反演方法（第 4 节）；反射、透射联合反演方法（第 5 节）及地震层析成像方法在表层校正中的应用（第 6 节）。

3.1 初至波走时层析成像对初始模型的依赖性

3.1.1 引言

在地震勘探中，除层析成像本身理论外，还有很多因素会影响层析效果[19]，初始模型就是其中一个重要影响因素。层析成像属于局部优化反演方法，原则上可以采用全局优化反演计算层析成像的初始模型[100,101]，但全局优化反演计算量大，影响层析成像的计算效率，因此，本节局限于讨论简单、高效的层析初始模型选取问题。国内有学者曾讨论过层析初始模型的选取问题，陈国金等[72]根据已有文献总结出以下一些初始模型的选取方法：(1) 人工给出一个均匀背景速度，作为层析成像的初始速度模型；(2) 依据工区已有的地球物理资料及声波测井速度资料，经过内插获得一个初始速度模型；(3) 采用其他地震方法获得速度资料，并参照地质资料，通过分析，给出一个初始速度模型。同时，他还总结了这三种方法的不足之处，并提出了一种新的初始模型选取方法，即假设从激发点到接收点间的射线为直射线，利用在地震记录上拾取的直达波初至走时求取初始速度模型。段心标与金维浚等[102]在该方法基础上做了部分改进和扩展，并对此种方法的不足进行了讨论。

虽然以上给定初始模型的方法在理论试验中取得了较好效果，但仍未从理论上说明层析和初始模型之间的依赖关系。本文主要参考 Jannane 等[103]对波形反演目标函数性态分析的经典研究方法，通过一系列理论模型实验，分析总结初至波走时层析对初始模型的依赖性，并进一步提出层析成像初始模型的选取策略。本节最后通过理论模型数值实验与实际资料处理证实该选取策略的合理性和优越性。

3.1.2 数值实验及结果分析

本文参考 Jannane 等[103]提出的方法，采用不同频率正弦波对理论模型进行扰动，计算扰动模型的初至波走时。根据目标函数与扰动波长之间的关系分析初至波走时层析反演结果对初始模型的依赖性。对目标函数的性态分析遵循以下原则：首先，如果一定波长正弦波扰动对应的目标函数值等于或接近于零，说明目标函数对模型空间的该波数分量不敏感，初至波层析成像也就无法将其反演出来；其次，在一定波长范围内，如果目标函数与扰动波长呈线性或弱非线性关系，则说明在该波数范围内初至波层析成像对初始模型的依赖性较弱，反之则说明对初始模型的依赖性较强。层析初始模型的选取应尽量避开目标函数值小、非线性强的波数段。

基于以上原则，本文进行了如下三组实验：

(1) 用不同波长正弦函数对水平层状介质理论模型进行扰动，求取不同波长扰动模型对应的目标函数值，分析目标函数与扰动波长的关系；

(2) 考虑到实际应用中地质模型至少是二维的，本文采用不同波长正弦函数对二维复杂起伏地表理论模型进行扰动，求取不同波长扰动模型对应的目标函数值，分析二维情况下目标函数与扰动波长的关系；

(3) 用不同波长正弦函数扰动过的模型作为初始模型，进行层析成像反演，直接分析扰动波长与层析结果的关系。

实验一　水平层状介质模型目标函数性态分析

实验步骤：

(1) 理论模型设计

本实验基于两个不同复杂程度的水平层状介质理论模型，图 3－1(a) 所示为六层水平层状介质构成的简单模型，图 3－1(b) 所示为根据速度测井数据得到的复杂水平层状介质模型。

(2) 理论模型初至波走时计算

对步骤(1)中建立的层状理论模型进行射线追踪，得到理论模型初至波走时 $T_{the}(x)$，其中，x 表示检波点位置。

(3) 扰动模型

根据式(3－1)，对理论模型 V_0 进行扰动：

$$V(z) = V_0(z) + \Delta V(z) = V_0(z) + 0.15V_{\max}\sin\left(\frac{2\pi}{\lambda}z\right) \tag{3-1}$$

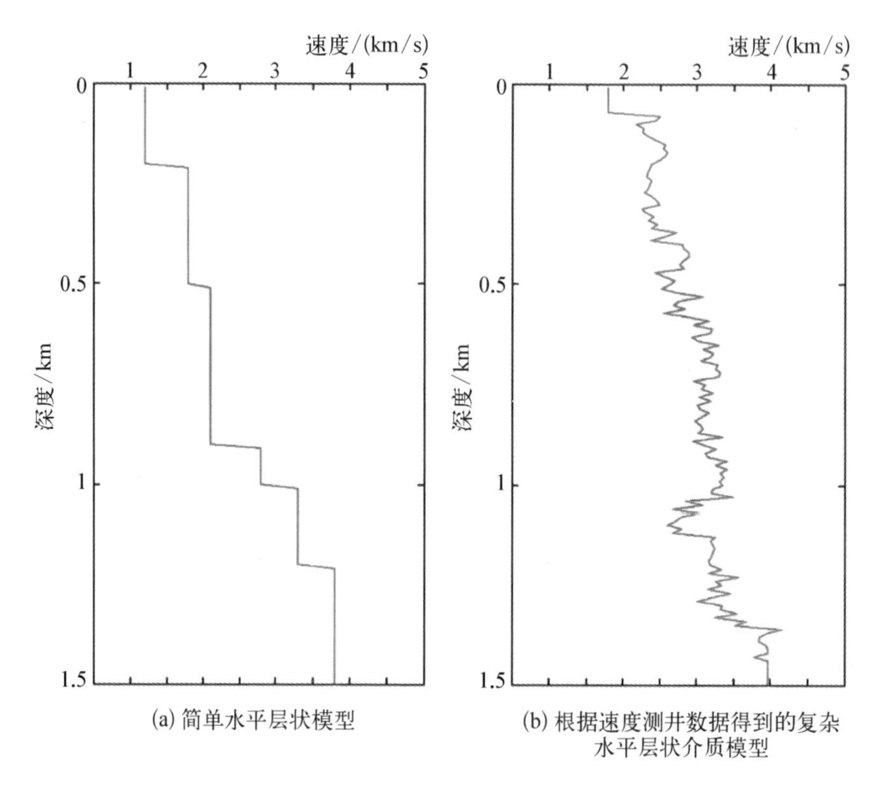

(a) 简单水平层状模型

(b) 根据速度测井数据得到的复杂水平层状介质模型

图 3-1　水平层状介质理论模型

其中，扰动量 ΔV 是深度 z 的正弦函数(图 3-2)，λ 为扰动波长，$V_{\max}$ 为模型的最大速度。

Jannane 等[103]将扰动波长分为极短波长(0 m＜λ＜25 m)、短波长(25 m＜λ＜60 m)、中波长(60 m＜λ＜300 m)与长波长(300 m＜λ＜∞)4 种。本文数值实验部分对以上几种波段范围进行均匀离散采样，并基于此分析总结层析成像对初始模型的依赖性。

(4) 扰动模型初至波走时计算

对扰动后的模型进行射线追踪，得到扰动模型的初至波走时 $T_{per}(x)$。

(5) 目标函数计算

由层析方程(2-14)可知，层析是根据初至波走时时差进行反演，如果扰动模型走时和理论模型走时有差异，那么，用层析方法可以将扰动模型反

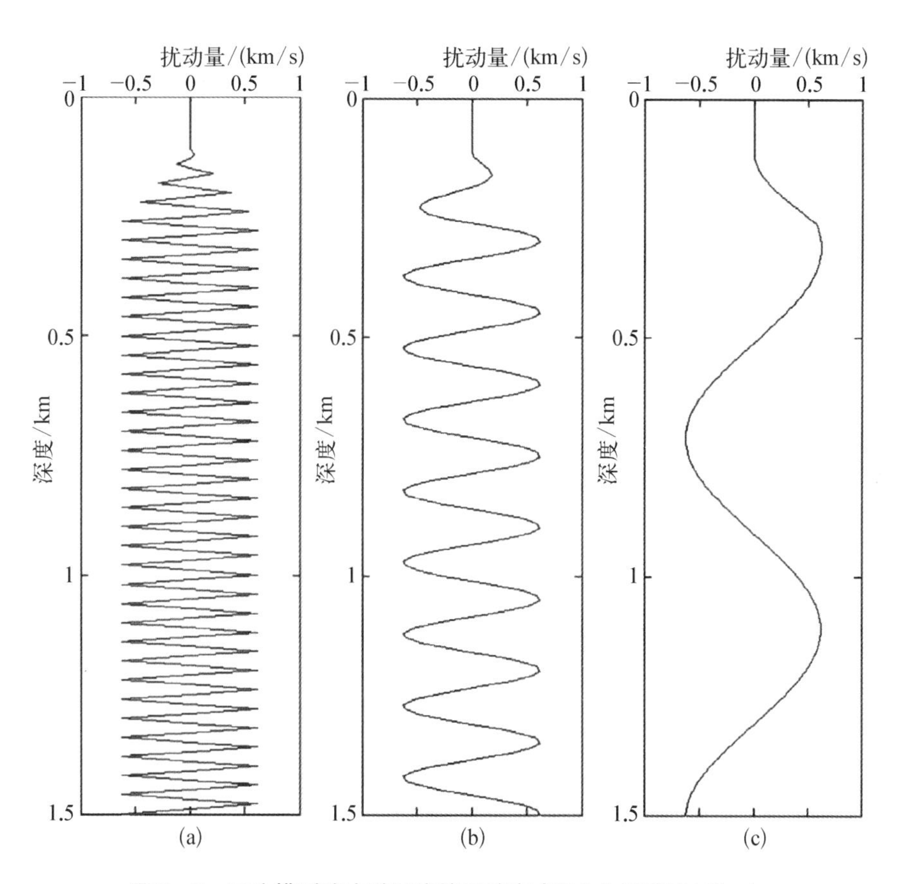

图 3－2　理论模型速度随深度按正弦方式以(a) 短波长(40 m)、(b) 中波长(150 m)、(c) 长波长(800 m)扰动

演出来,反之则不能。所以,对于某一波长扰动的模型,本文将理论模型初至波走时和扰动模型初至波走时残差的均方根(式(3－2))作为目标函数:

$$S=\sqrt{\frac{\sum_{i=1}^{n}(T_{per}(i)-T_{the}(i))^2}{n}} \tag{3-2}$$

其中,n 为射线总数。

(6) 改变波长,重复步骤(3)—(5),直至完成所有预设波长扰动模型的计算

最终计算得到的不同模型对应的目标函数-扰动波长关系曲线如图 3-3 和图 3-4 所示。

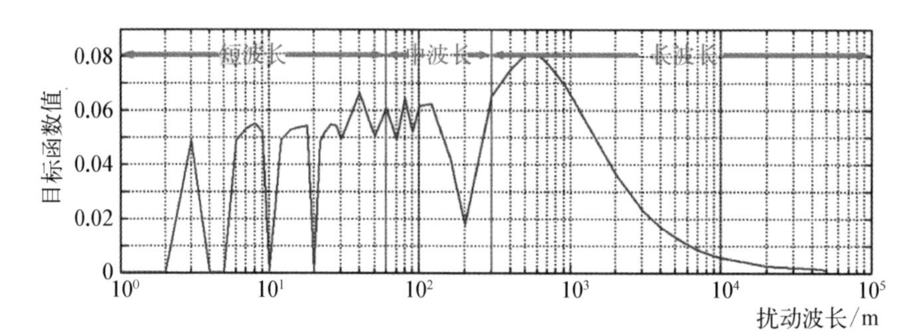

图 3-3　简单水平层状介质理论模型目标函数-扰动波长关系曲线

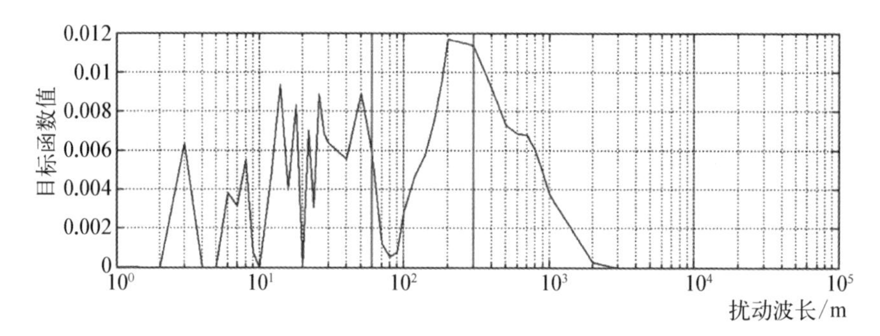

图 3-4　复杂水平层状介质理论模型目标函数-扰动波长关系曲线

实验二　二维复杂地表理论模型目标函数性态分析

本实验基于二维复杂地表理论模型(图 3-5)。本实验步骤与实验一相同,不同点在于,本实验中采用二维模型扰动方式,即根据式(3-3)对模型进行扰动:

$$V(x, z) = V_0(x, z) + \Delta V(x, z) = V_0(x, z) + 0.15V_{\max}\sin\left(\frac{2\pi}{\lambda}r\right) \tag{3-3}$$

其中,扰动量 ΔV 是空间任一点与炮点距离 r 的正弦函数。

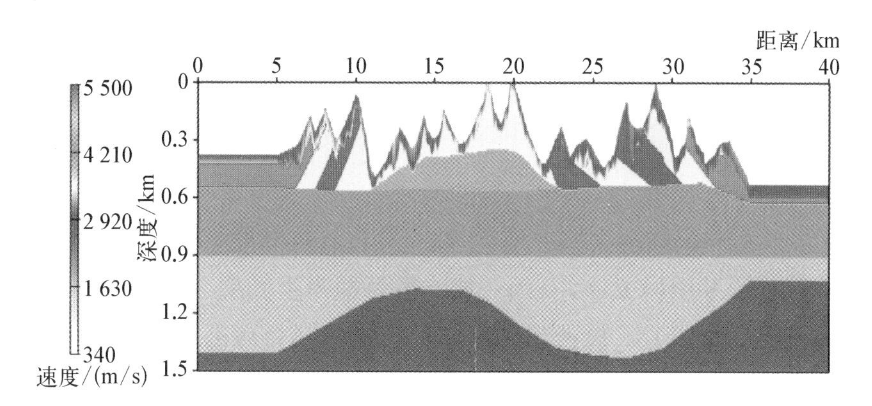

图3-5 二维复杂起伏地表理论模型

本次实验得到的二维扰动模型目标函数-扰动波长关系曲线如图3-6所示。

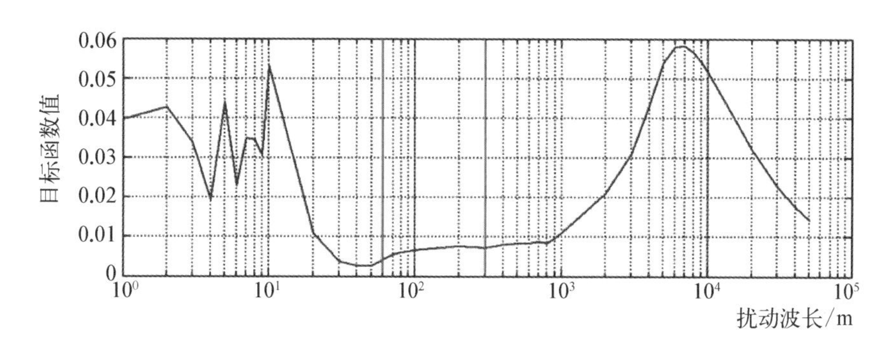

图3-6 二维复杂起伏地表理论模型目标函数-扰动波长关系曲线

实验三 层析成像与初始模型的关系

将实验一中不同波长扰动过的复杂水平层状介质模型作为初始模型，直接进行初至波走时层析成像反演，得到最终层析结果目标函数-扰动波长关系曲线(图3-7(a))与迭代次数-扰动波长关系曲线(图3-7(b))。本实验中目标函数根据式(3-4)计算，其中，$T_{FAT}(i)$是根据初至波层析反演结果计算得到的初至波走时。

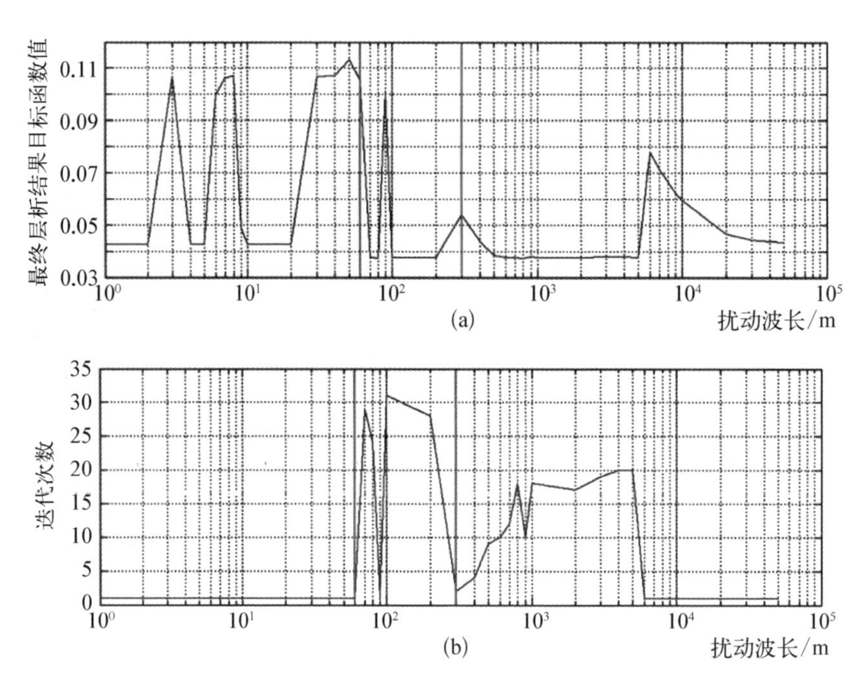

图 3-7　基于复杂水平层状介质理论模型(图 3-1(b))得到的(a) 最终层析结果目标函数-扰动波长关系曲线与(b) 迭代次数-扰动波长关系曲线

$$S = \sqrt{\frac{\sum_{i=1}^{n}(T_{FAT}(i) - T_{the}(i))^2}{n}} \tag{3-4}$$

实验结果分析:

通过以上实验,本文得到如下 4 组曲线: ① 简单水平层状介质模型目标函数-扰动波长关系曲线(图 3-3);② 复杂水平层状介质模型目标函数-扰动波长关系曲线(图 3-4);③ 二维复杂地表理论模型目标函数-扰动波长关系曲线(图 3-6);④ 以不同波长扰动过的复杂水平层状介质模型作为层析初始模型,得到的最终层析结果目标函数-扰动波长关系曲线(图 3-7(a)),以及相应的迭代次数-扰动波长关系曲线(图 3-7(b))。

从图 3-3 可以看出,在短波长和中波长范围内,扰动波长的微小改变会使目标函数值产生较大波动，说明目标函数与扰动波长之间具有较强的非线性关系；在长波长范围内，目标函数随波长的波动较弱，目标函数与扰动波长呈弱非线性。随着波长的增大（$\lambda>6\ 000$ m），模型趋于恒定，目标函数值趋于零。与图3－3相比，图3－4中的目标函数与扰动波长呈弱非线性的波段范围向中波长方向有微小移动，这可能与模型有关，但基本可以得出与图3－3相似的结论。二维目标函数-扰动波长关系曲线（图3－6）与图3－3、图3－4反映出了同样的规律，甚至这种规律性更强。图3－7中，中、短波长扰动模型对应的最终层析结果目标函数值较高，说明反演效果不好，迭代次数少，说明反演不稳定，而长波长扰动模型对应的层析反演结果目标函数值较低，且迭代次数多，说明层析稳定收敛到了一个比较好的结果。

综上所述，本文得出以下结论：在中、短波长范围内，目标函数（式3－2）随扰动波长变化剧烈，它们具有较强的非线性，故在这些波长范围内层析反演对初始模型比较敏感，即初始模型的微小变化可能导致层析结果的巨大差异。而在中长波长与长波长范围内，目标函数（式3－2）与扰动波长呈弱非线性，说明在这一波长范围内层析反演对初始模型的依赖性较弱，即不同的初始模型可以得到比较相近的反演结果。实验三同时说明，这种情况下反演结果比较好，且反演稳定。

3.1.3　初始模型选取策略

由以上实验结果分析可知，为了得到好的稳定的层析反演结果，初始模型应尽可能多地、准确地包含中、长波长的地质扰动信息，尽量少包含高波数地质扰动信息。传统的层析初始模型一般是根据地质先验信息、大炮初至、近地表调查资料、折射层析等方法建立起来的。这样的地质模型一般包含比较准确的中、长波长扰动信息，同时也包含了高波数的扰动信息，但这些高波数扰动信息通常是不准确的。为此，本文在这些方法建立起来的地质模型的基础上，结合以上实验认识，提出了如下层析初始模型选取策略：① 首先对存在的地质模型 m 做平滑处理，得到介质的背景场信息 m_0（也可以结合先验信息采用其他方式，如梯度模型，作为 m_0）；② 从地质模型 m 中减去背景场 m_0 以得到扰动场 Δm；③ 对 Δm 作低通滤波得到 Δm 的长波长分量 Δm_l；④ 将 Δm_l 加上 m_0，得到层析初始模型 m_s。

3.1.4 理论模型实验

为了验证以上层析初始模型选取策略的有效性，本文对图 3-5 所示的理论模型的上半部分进行测试。本实验中取梯度模型作为该理论模型的背景场。为便于对比，本文同时采用其他初始模型进行层析反演。图 3-8(a)—(d)分别为理论模型、梯度初始模型、本文方法低通滤波初始模型与本文方法高通滤波初始模型。图 3-9 所示为图 3-8 中不同初始模型的单道对比结果，该结果可以说明本文初始模型选取方法的有效性。采用图 3-8(b)—(d)作为初始模型得到的层析反演结果如图 3-10 所示。图 3-11 与图 3-12 所示分别为层析反演结果的纵、横向剖面定量对比。

通过这些对比可以看出，本文方法得到的低通滤波初始模型所对应

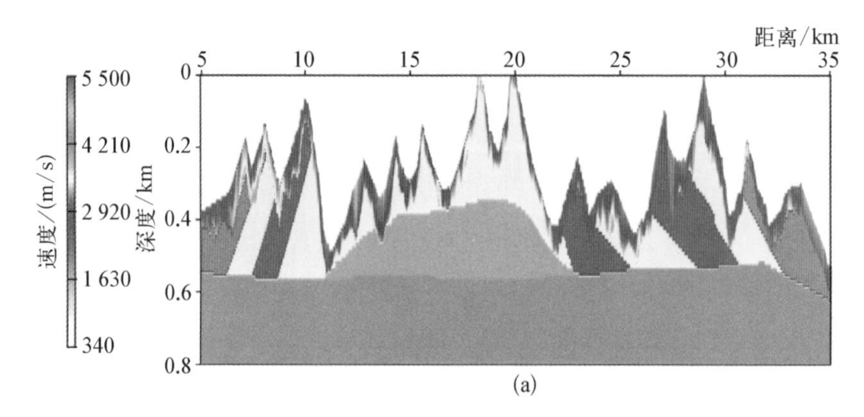

(a)

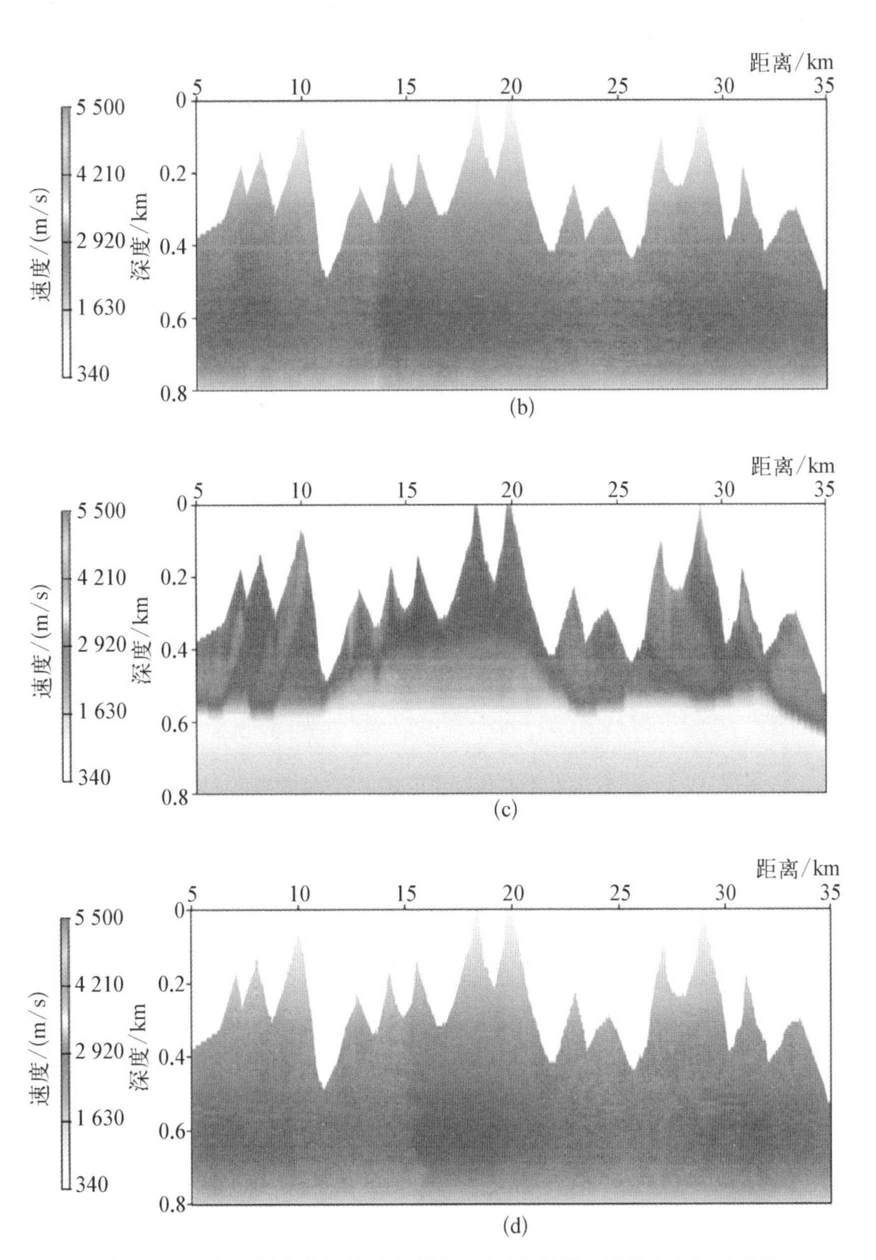

图 3-8　(a) 二维复杂地表理论模型，(b) 梯度初始模型，(c) 长波长扰动初始模型与(d) 中、短波长扰动初始模型

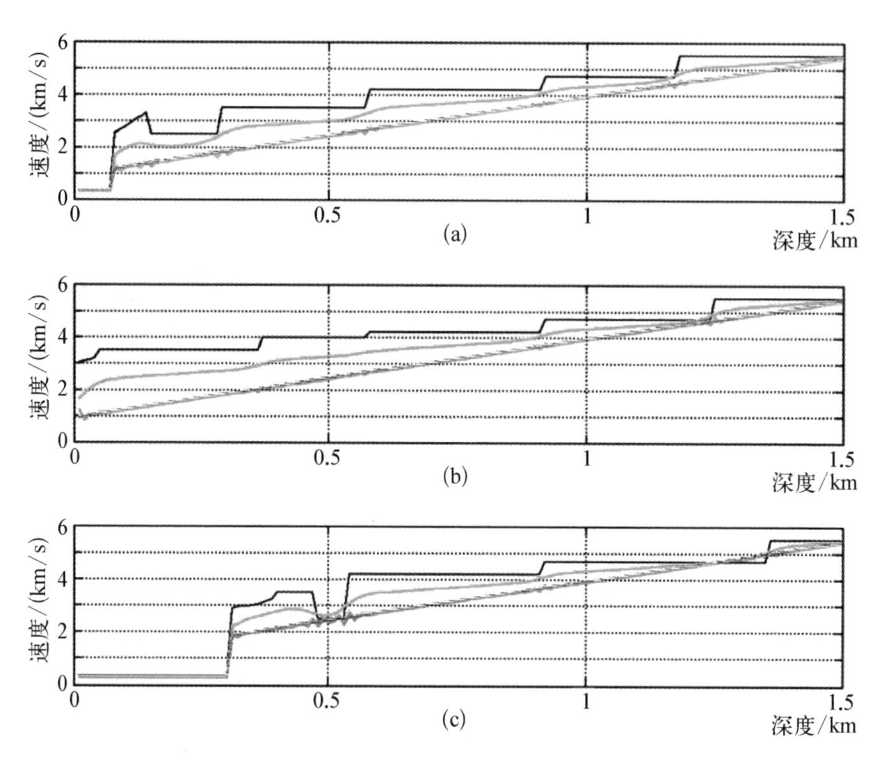

图 3-9 理论模型及不同初始模型在 x 为(a) 10 km、(b) 20 km、(c) 30 km 处的垂向速度剖面对比

(黑—理论模型;蓝—梯度初始模型;绿—长波长扰动初始模型;红—中、短波长扰动初始模型)

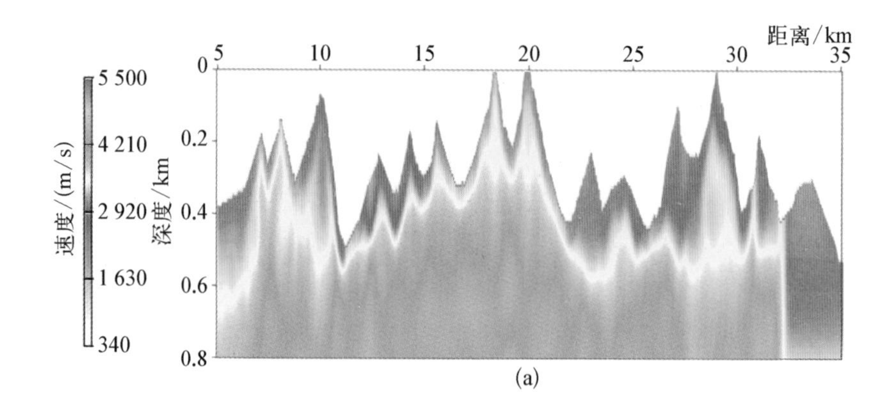

(a)

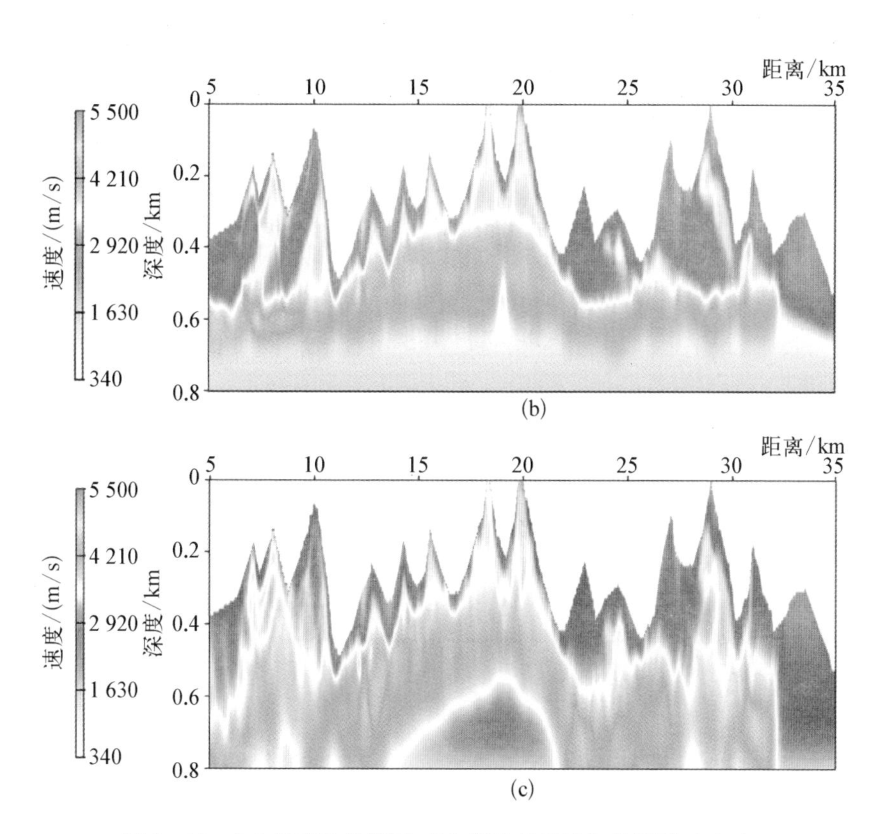

图 3-10　(a) 梯度初始模型,(b) 长波长扰动初始模型,(c) 中、短波长扰动初始模型对应的层析反演结果

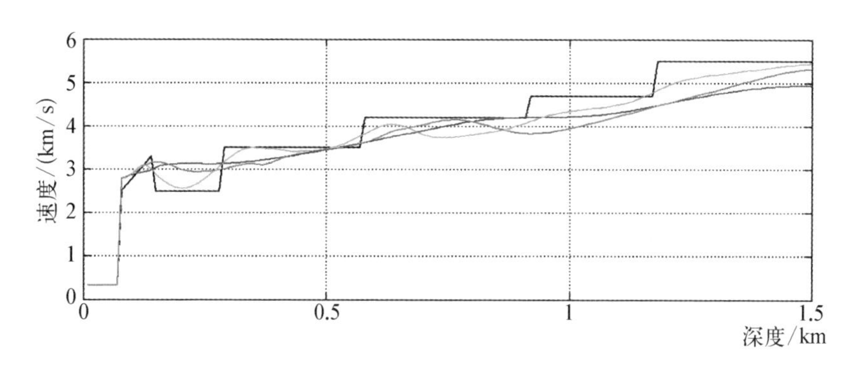

图 3-11　理论模型与不同层析反演结果在 x 为 10 km 处的速度剖面对比

(黑—理论模型;蓝—梯度初始模型层析结果;绿—低通初始模型层析结果;红—高通初始模型层析结果)

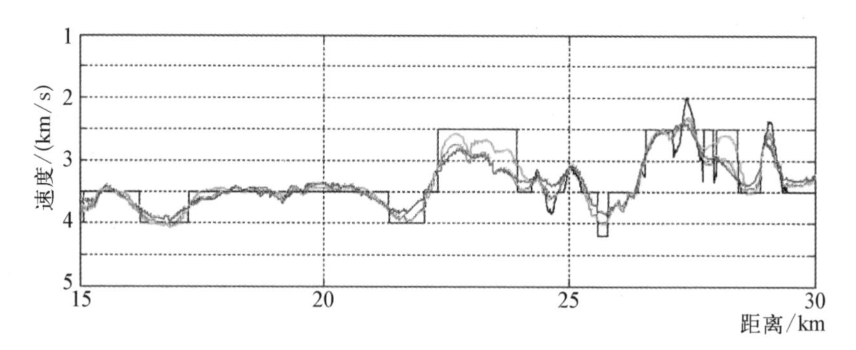

图 3-12　理论模型与层析反演结果在地表以下 100 m 深度处速度切片对比

（黑—理论模型；蓝—梯度初始模型层析结果；绿—低通初始模型层析结果；红—高通初始模型层析结果）

的层析反演结果最接近理论模型，介质的高、低波数成分，如地下斜层和表层低速层，均被准确地反演了出来。

3.1.5　实际资料处理

为了验证该方法的实用性，本文针对南方山地某一条二维测线做了层析成像实验。经过该测线有 4 口深井，本文利用这些测井数据，插值得到该区的速度模型，如图 3-13 所示。本实验采用图 3-14 所示的梯度模型作为 m_0，同时作为本次实验的一个初始模型。利用本文低通滤波方法、高通滤波方法所得到的初始模型如图 3-15 所示。模型被离散为 18 132×413 个网格点，离散间隔为 10 m×5 m。实验利用 1 130 炮的 2 000 m 偏移距范围内的初至数据进行地震层析成像反演。炮间隔从 50～200 m 变化不等，检波点间隔为 30 m。采用图 3-14、图 3-15 不同初始模型进行层析反演的结果如图 3-16 所示。可以看出，三种初始模型的层析反演结果有所区别，但难以判断其优劣，从目标函数值与迭代次数上看（梯度初始模型、低通滤波初始模型与高通滤波初始模型的层析反演最终目标函数值分别为 24.069 7 s，23.962 4 s 与 24.005 s，迭代次数分别为 14，27 与 17），本文低通滤波初始模型能够得到更好的层析反演结果。

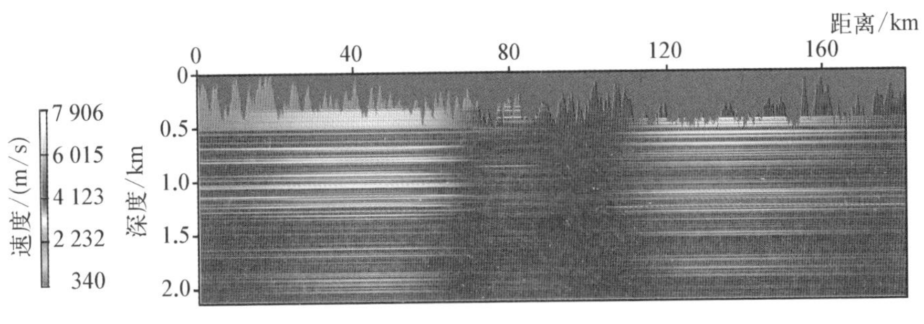

图 3-13　根据测井数据插值建立的原始模型

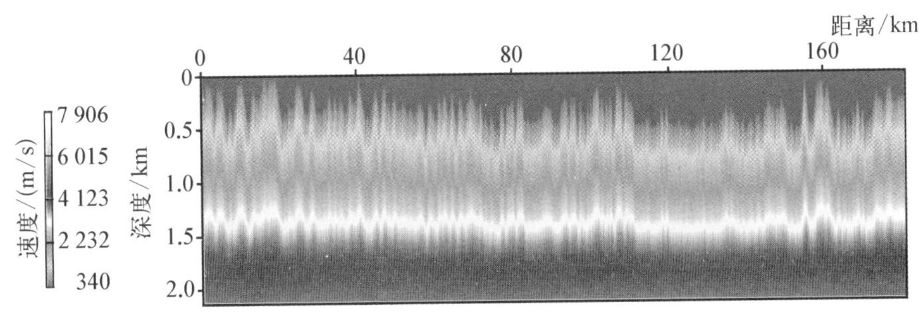

图 3-14　实际资料的梯度模型

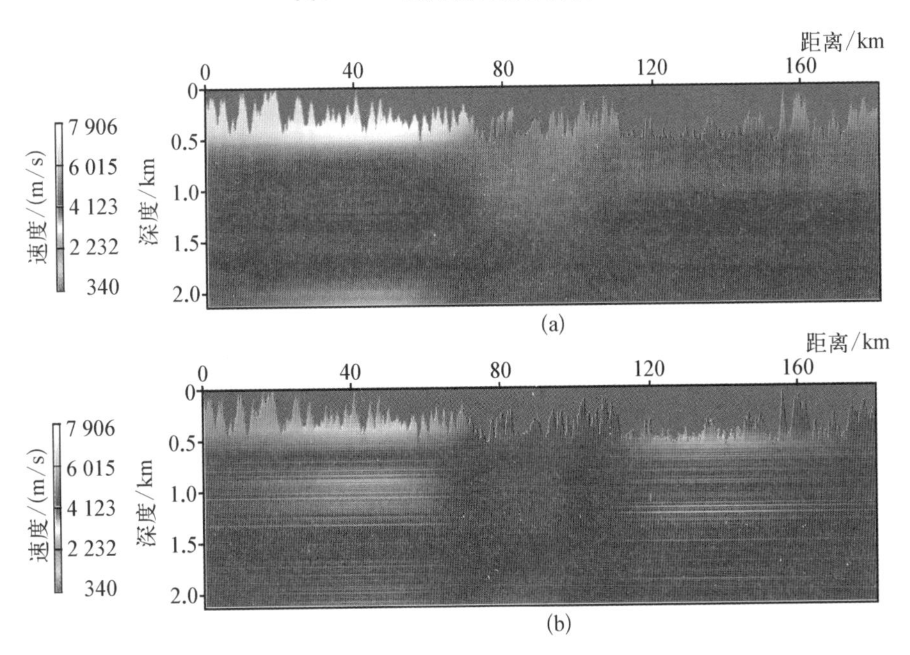

图 3-15　本文(a) 低通与(b) 高通滤波方法建立的初始模型

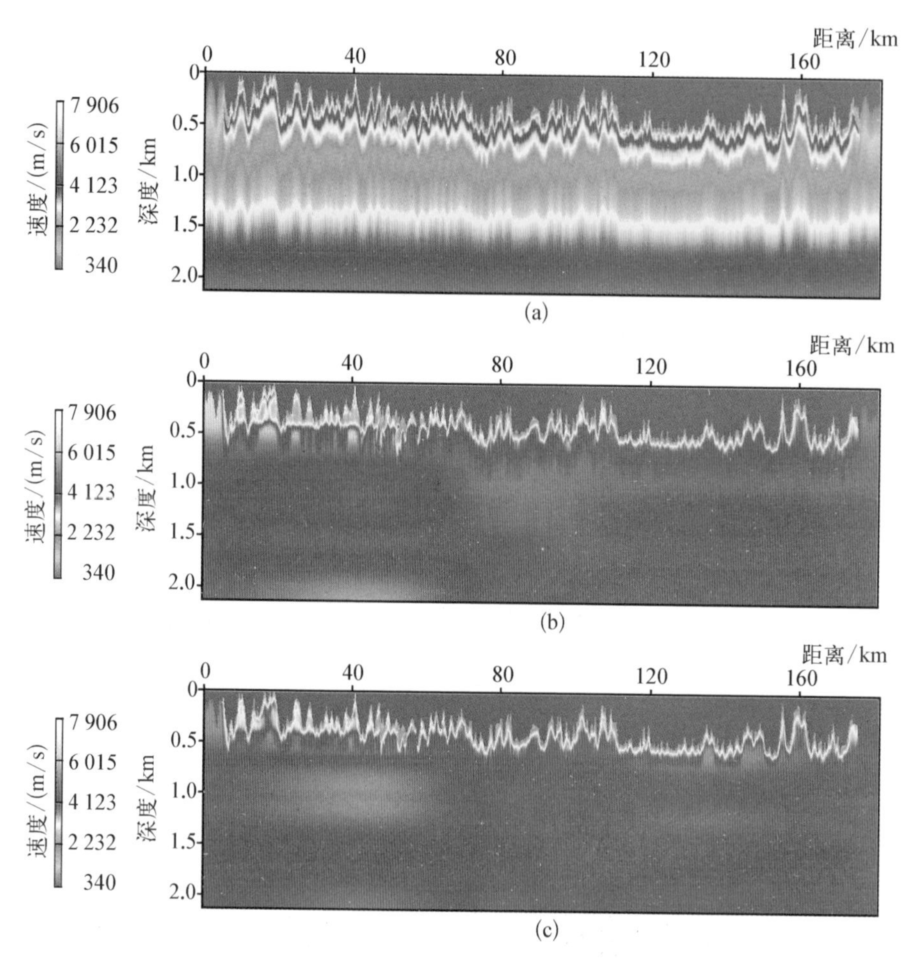

图 3-16 (a) 梯度、(b) 低通滤波与(c) 高通滤波初始模型层析反演结果

3.1.6 小结

本文定量地研究了初至波走时层析成像对初始模型的依赖性。对多个理论模型数值实验结果的分析表明，初至波走时层析的初始模型不能任意给定，一个好的初始模型应尽量准确地包含介质的背景场(介质平滑变化趋势)与低波数扰动量，在此基础上，层析才能准确地反演出更高的波数成分，否则，层析很容易陷入局部极值，且不稳定。本文的初始模型选取策略也是在该认识基础上提出的，并且得到了理论模型实验的证明。出于计算量的考虑，本文只进行了1.5维与二维理论模型实验，理论上讲，本文得出的以上认识与初始模型选取策略同样适用于三维情况。另外，本文的实际资料由于先验信息太少，导致不同初始模型的层析反演结果对比并不明显，因此该方法有待在实际资料处理中进一步应用。

本文数值实验结果同时表明，初始模型包含的小波数范围不能太小，否则可能适得其反。只有低通滤波的波长范围落在适当的（如100～500 m）范围内，走时层析成像才可以反演出模型的更高波数信息。另一方面，本文的数值实验对特定观测系统的层析成像反演分辨率有一定的指导作用。如对于本文数值实验中的观测系统，当初始模型落在适当的范围内时（如100～500 m），初至波走时层析目标函数-扰动波长关系曲线的局部极值所对应的可信波长为100 m左右，即最小分辨力为100 m。但如果改变观测系统，或者改变层析所基于的地震波描述理论，或者改变反演所利用的波场信息，则层析成像反演结果的最小可信波长可能有所不同，这有待于进一步的研究。

3.2　地震层析成像中的正则化方法

多解性一直是地球物理反演中不可回避的问题，引起多解性的原因可以归纳为三个方面，一是场的等效性；二是观测数据的有限性；三是观测数据与计算中存在的误差[89]。解决这个问题有几种途径，一是扩大观测范围和改进观测方式以增加观测信息；二是研究能够更有效利用观测信息的方法；三是对反演过程施加约束。第一种途径依赖于经济与技术的发展；第二、第三种途径依赖于反演理论和方法的进步。本文主要讨论第三种方法。

先验信息包括模型空间的先验信息与数据空间的先验信息，本节局限于讨论模型空间的先验信息。对于反演表层速度结构的初至波走时层析成像而言，模型空间先验信息可以归纳如下：(1) 某些参数的精确值；(2) 根据地质认识得到的某些参数的取值范围；(3) 模型参数的分布特点。在目前的层析反演方法中，这些先验信息的利用一般是通过每次迭代对模型参数进行更新之后再对其进行外部约束来实现的。然而，旅行时层析成像理论是在“模型参数发生微小扰动射线路径不变”(即线性近似)的假设下发展起来的。如果对模型连续进行两次修正(尤其第二次约束修正往往比较大)，这种前提假设很有可能遭到破坏，从而使反演失效甚至不稳定。通过正则化方法将先验信息融入反演方程组中，就可以避免出现二次修正，达到对先验信息的有效利用。

正则化一直是反演理论研究的热点，但是前人研究正则化[104-108]主要是为了克服反演算法的不稳定性。Clap 等[70, 109]使用正则化方法将地层倾角信息融入反演算法中，在提高反演精度的同时也提高了反射层析的收敛性。Fomel[71]采用正则化方法实现了在层析过程中对模型进行平滑处理，而且平滑算子可以按照期望任意设定，在理论模型上取得了较好的效果。本文基于对先验信息的分类，提出了针对不同先验信息的正则化方法，尤其对于难于实现的第二类先验信息，本文提出了利用罚函数对其进行正则化处理的方法。最后，本文将这三种正则化公式统一在一个层析方程中。

3.2.1 走时层析的阻尼最小二乘解

在线性假设下，式(2-14)简化为求解大规模稀疏病态线性方程组：

$$L\Delta s = \Delta t \tag{3-5}$$

其中，L 为 $m \times n$ 维矩阵，矩阵元素 l_{kj} 代表第 k 条射线在第 j 个模型参数单元内的长度；Δs 是长度为 n 的列向量，代表模型慢度参数修正量；Δt 为 m 维列向量，代表观测的初至波走时与理论计算的初至波走时残差[110]。

根据 Tarantola 及 Valette[111] 对非线性反演问题目标函数的定义，基于射线理论的初至波走时层析成像的目标函数(不考虑观测数据误差与先验模型误差)可以定义为

$$\Phi(\Delta s) = (L\Delta s - \Delta t)^T (L\Delta s - \Delta t) + \varepsilon^2 \Delta s^T \Delta s \tag{3-6a}$$

其中，ε 为衡量数据残差与模型残差权重的阻尼因子。根据 $\dfrac{\partial \Phi}{\partial \Delta s} = 0$，则得

$$\Delta s^{est} = (L^T L + \varepsilon^2 I)^{-1} L^T \Delta t \tag{3-6b}$$

式(3－6b)即为式(3－5)的阻尼最小二乘解[71, 89, 111]。

3.2.2　外部约束方法

对于传统的走时层析方法，先验信息的利用主要是通过进一步约束更新后的速度模型来完成的。文本称这种约束方法为外部约束方法。根据先验信息的不同，约束方法可以分为三种：一种是紧约束，即根据第一类先验信息强行将某些参数的值修改为先验值；第二种为宽约束，即根据第二类先验信息约束模型的每个参数到预先设定的范围之内。如果 $v_i > v_{\max}$，则 $v_i = v_{\max}$，如果 $v_i < v_{\min}$，则 $v_i = v_{\min}$；第三种为平滑处理，走时层析反演本身的混定特性导致了模型参数的修改量与射线的覆盖密度相关，但根据第三类先验信息，反演结果应该比较平坦或平滑，这对矛盾决定了必须在模型参数被修正后再进行平滑处理。平滑因子视具体情况而定，太小，无法达到约束目的，太大，则会降低反演的分辨率。

3.2.3　正则化方法

根据上述对先验信息的分类，可以采用正则化方法将不同的先验信

息融入到反演方程中。

对于第一类先验信息，相当于在线性方程组(3－5)下增加约束方程组 $W_1\Delta s = W_1(s' - s_0)$，其中，$W_1$ 为 $k \times n$ 维矩阵，k 为被紧约束的参数个数。

$$w_i = [0 \quad 0 \quad \cdots \quad 0 \quad 1 \quad 0 \quad \cdots \quad 0] \tag{3-7}$$

其中，被约束参数的位置为 1，其他为零。方程(3－5)重写为

$$\begin{pmatrix} L \\ \varepsilon_1 W_1 \end{pmatrix} \Delta s = \begin{pmatrix} \Delta t \\ \varepsilon_1 W_1 (s' - s_0) \end{pmatrix} \tag{3-8}$$

其中，ε_1 为衡量第一类正则化权重的正则化因子，W_1 为第一类正则化矩阵，s' 为先验模型慢度向量，s_0 为当前模型慢度向量。以 $\begin{pmatrix} L \\ \varepsilon_1 W_1 \end{pmatrix}$ 代替式(3－6b)中的 L，$\begin{pmatrix} \Delta t \\ \varepsilon_1 W_1 (s' - s_0) \end{pmatrix}$ 代替式(3－6b)中的 Δt，方程(3－6b)改写为

$$\Delta s^{est} = [(L^T L + \varepsilon^2 I + \varepsilon_1^2 W_1^T W_1)]^{-1} [L^T \Delta t + \varepsilon_1^2 W_1^T W_1 (s' - s_0)] \tag{3-9}$$

对于第二类先验信息，可以采用罚函数法将式(3－10)所示的不等式约束最优化问题转化为无约束的最优化问题。

$$\begin{cases} \Phi(\Delta s) = (L\Delta s - \Delta t)^T (L\Delta s - \Delta t) + \varepsilon^2 \Delta s^T \Delta s \rightarrow \min \\ s_{\min} \leqslant s_0 + \Delta s \leqslant s_{\max} \end{cases} \tag{3-10}$$

式中，s_0 表示当前的慢度向量，$s_{\min}$ 为最小先验慢度向量，$s_{\max}$ 为最大先验慢度向量。根据非线性最优化理论，可以根据方程(3－10)创建罚函数：

$$F(\Delta s,\ \varepsilon_2) = \Phi(\Delta s) - \varepsilon_2\left(\sum_{j=1}^{n}\ln(s_{max_j} - s_{0_j} - \Delta s_j) + \sum_{j=1}^{n}\ln(s_{0_j} + \Delta s_j - s_{min_j})\right) \rightarrow \min \tag{3-11}$$

式(3－11)是问题(3－5)的新的目标函数，其中，罚因子 ε_2 可以是一个较小的正数，它即是方程(3－11)的罚因子，又是问题(3－5)的第二类正则化因子。考虑到初始模型一般在宽约束空间内，如果有使得 $s_{max_j} - s_{0_j} - \Delta s_j \rightarrow 0$ 或 $s_{0_j} + \Delta s_j - s_{min_j} \rightarrow 0$ 的 Δs_j 存在，那么，式(3－11) 右端第二项将是一个很大的数，这样的 Δs_j 不能使式(3－11) 取得最小值。所以，满足无约束最优化问题(3－11) 的解同样满足式(3－10) 定义的不等式约束最优化问题。根据 $\dfrac{\partial F(\Delta s,\ r)}{\partial \Delta s} = 0$，利用 Taylor 展开，省略 Δs 二次及二次以上的高阶小项，可以得到方程(3－11)的最优解表达式：

$$\Delta s^{est} = (L^T L + \varepsilon^2 I + \varepsilon_2^2 W_2^T W_2)^{-1}(L^T \Delta t + \varepsilon_2^2 W_2^T K) \tag{3-12}$$

其中，$K = \begin{pmatrix}1\\1\end{pmatrix}$ 为 $2n \times n$ 维由 1 构成的矩阵。

$$W_2 = \begin{pmatrix}A\\B\end{pmatrix},\ A = \operatorname{diag}\left(\frac{1}{s_{0_j} - s_{min_j}}\right), \qquad B = \operatorname{diag}\left(\frac{1}{s_{0_j} - s_{max_j}}\right),\ j = 1,\ 2,\ \cdots,\ n \tag{3-13}$$

A 与 B 为 $n \times n$ 维的对角阵。

第三类先验信息的正则化处理方法与第一类先验信息的处理方法相同，即在式(3－5)下增加平滑方程组 $W_3 \Delta s = -W_3 s_0$。如果模型参数在空间上是平坦的，则 W_3 为$(n-1) \times n$ 维一阶差分矩阵：

$$W_3 = \begin{bmatrix} -1 & 1 & & & & \\ & -1 & 1 & & & \\ & & \cdot & \cdot & & \\ & & & \cdot & \cdot & \\ & & & & \cdot & \cdot \\ & & & & 1 & -1 \end{bmatrix} \tag{3-14a}$$

如果模型参数在空间上是光滑的，则 W_3 为 $(n-2)\times n$ 维二阶差分矩阵：

$$W_3 = \begin{bmatrix} -1 & 2 & -1 & & & & \\ & -1 & 2 & -1 & & & \\ & & \cdot & \cdot & \cdot & & \\ & & & \cdot & \cdot & \cdot & \\ & & & & \cdot & \cdot & \cdot \\ & & & & -1 & 2 & -1 \end{bmatrix}。 \tag{3-14b}$$

这样，方程(3-5)重写为

$$\begin{pmatrix} L \\ \varepsilon_3 W_3 \end{pmatrix} \Delta s = \begin{pmatrix} \Delta t \\ -\varepsilon_3 W_3 s_0 \end{pmatrix} \tag{3-15}$$

其中，ε_3 为权衡第三类正则化权重的正则化因子，W_3 为第三类正则化矩阵。仍以 $\begin{pmatrix} L \\ \varepsilon_3 W_3 \end{pmatrix}$ 代替式(3-6b)中的 L，$\begin{pmatrix} \Delta t \\ -\varepsilon_3 W_3 s_0 \end{pmatrix}$ 代替式(3-6b)中的 Δt，方程(3-6*b*)改写为

$$\Delta s^{est} = (L^T L + \varepsilon^2 I + \varepsilon_3^2 W_3^T W_3)^{-1} [L^T \Delta t + \varepsilon_3^2 W_3^T W_3 (-s_0)] \tag{3-16}$$

当同时考虑以上三种先验信息时，方程(3-5)对应 Δs 的最优估计为

$$\Delta s^{est} = (L^T L + \varepsilon^2 I + \varepsilon_1^2 W_1^T W_1 + \varepsilon_2^2 W_2^T W_2 + \varepsilon_3^2 W_3^T W_3)^{-1} \cdot \\ [L^T \Delta t + \varepsilon_1^2 W_1^T W_1 (s' - s_0) + \varepsilon_2^2 W_2^T K + \varepsilon_3^2 W_3^T W_3 (- s_0)] \tag{3-17}$$

其中,W_1,W_2,W_3 分别由式(3-7)、式(3-13)、式(3-14)决定,ε, ε_1, ε_2, ε_3 是可以由尝试得到的较小量,它们的关系同时反映了对不同类先验信息的权重。

3.2.4　理论模型试验

为方便与外部约束方法区分,本文将正则化约束方法称为内部约束方法。为了对比这两种约束方法的层析成像效果,本文设计了图 3-17(a)所示二维起伏地表理论模型。模型中第一层为强横向变速低速带,速度从 1 000 m/s 到 3 600 m/s,第二层、第三层为均匀层状介质,速度分别为 3 500 m/s 和 1 900 m/s。608 个激发点均匀分布在横向 9 950～39 310 m 的范围内,观测系统为 3 000—20—0—20—3 000。根据声波方程的高阶有限差分算法模拟观测数据,在模拟记录上拾取 2 000 m 偏移距范围内的初至数据进行基于射线的初至波走时层析成像反演。层析反演初始模型皆为匀速模型。外部约束方法对应的阻尼最小二乘解为公式(3-6b)。内部约束方法对应的阻尼最小二乘解为公式(3-17),其中,ε, ε_1, ε_2, ε_3 都等于 1,W_3 取二阶差分矩阵。两种方法都采用 LSQR 方法求解线性代数方程组。外部约束和内部约束对应的反演结果分别如图 3-17(b)和图 3-17(c)所示。两种方法的最终反演目标函数值分别为 8.092 8 和 4.781。不难看出,内部约束比外部约束具有更高的分辨率和反演精度,特别是图中椭圆形标记的地方更加明显。图 3-17(d)是理论模型、外部约束方法、内部约束方法层析结果在地表以下 40 m 速度切片对比图。从该图更加直观地看出,内部约束方法的层析结果更接近理论模型。

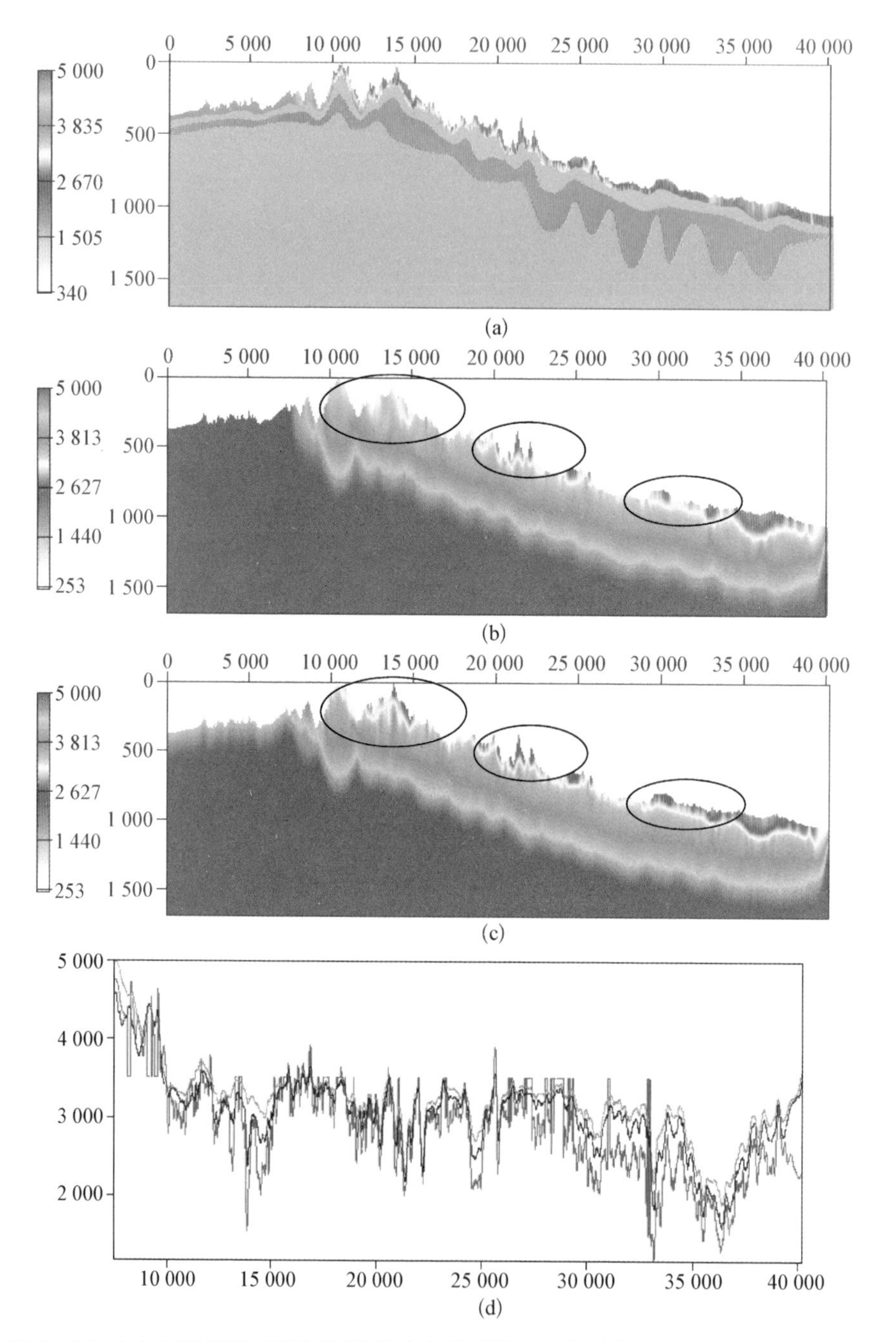

图 3-17 **(a)** 二维起伏地表理论模型；**(b)** 外部约束方法对应反演结果；**(c)** 内部约束方法对应反演结果；**(d)** 理论模型(红线)、外部约束方法层析结果(绿线)、内部约束方法结果(蓝线)地表以下 **40 m** 速度切片对比图

3.2.5　实际资料处理

为了检验本文提出的正则化方法在实际中的应用效果，本文选取了西部某条二维地震测线数据进行了实际地震资料处理。该测线所在地区地表起伏严重，海拔在 1 100～3 500 m 之间，地表复杂，横向速度变化剧烈。测线长约 35 km，排列长度 15 km，556 炮，炮间距与检波器间距均为 20 m。在观测记录上拾取 1 000 m 偏移距范围内的初至数据进行初至射线走时层析成像反演。

该实际资料采用内部约束方法（方程(3－17)），其中，第三类正则化矩阵采用二阶差分算子，ε，ε_1，ε_2，ε_3 都等于 1，W_3 取二阶差分矩阵。初始模型的浅层 50 m 左右范围是根据地表调查资料建立起来的，中深层采用常速初始模型(图 3－18(a))。图 3－18(b)所示是该测线最终层析成像反演结果，图 3－18(c)显示了该测线拾取初至与最终反演模型的理论计算初至的对比，从该图可以看出，拾取初至与理论计算初至吻合

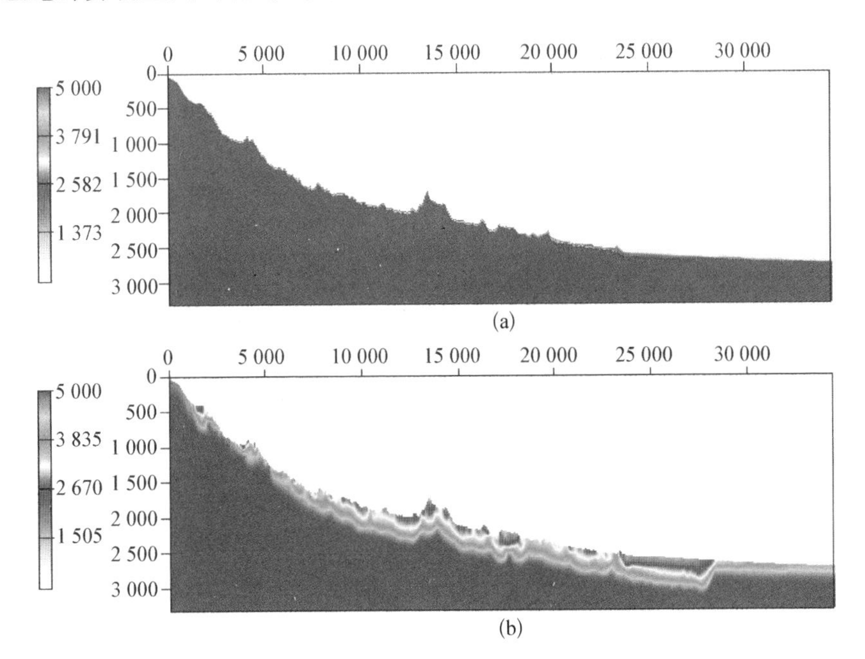

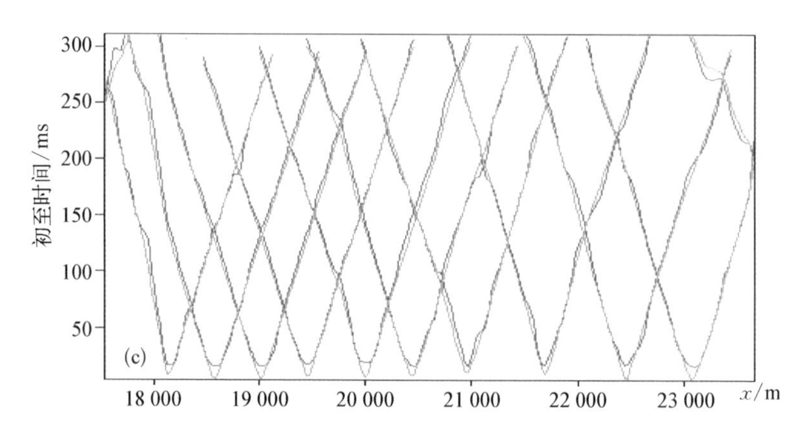

图 3－18　某实际二维测线的层析实验(a) 根据地表调查资料建立的层析初始模型；(b) 内部约束层析反演结果；(c) 部分炮拾取初至与理论计算初至对比

较好，说明层析结果基本反映了真实的近地表速度结构。图 3－19(a)、图 3－19(b)所示分别是在折射静校正与本文内部约束层析静校正的基础上得到的叠加剖面。两个剖面的主要构造基本相同，图 3－19(a)比图 3－19(b)分辨率更高一些，图中圈出的部分，图 3－19(b)比图 3－19(a)

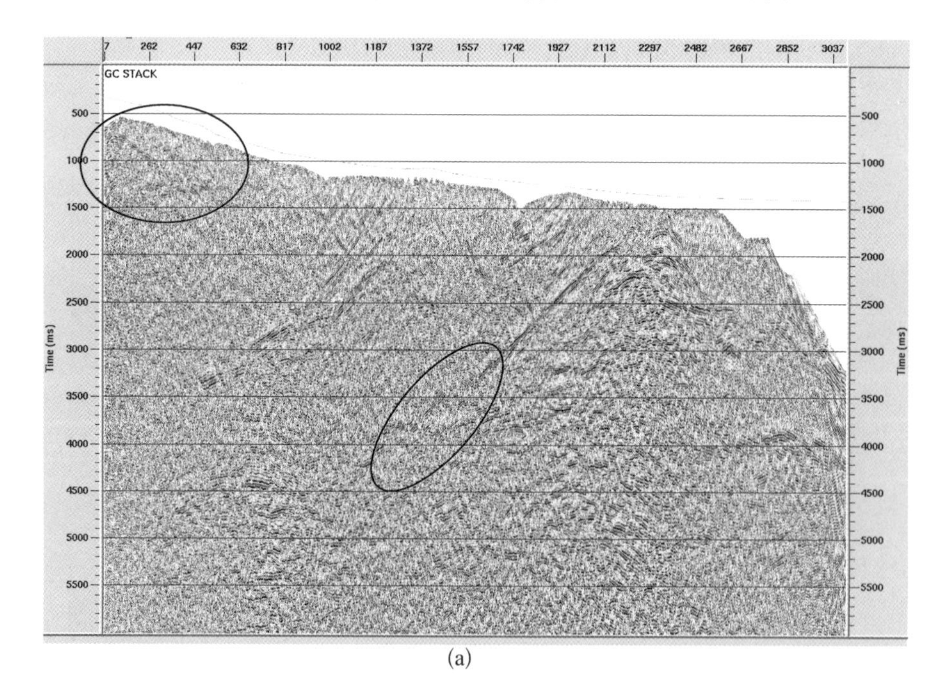

(a)

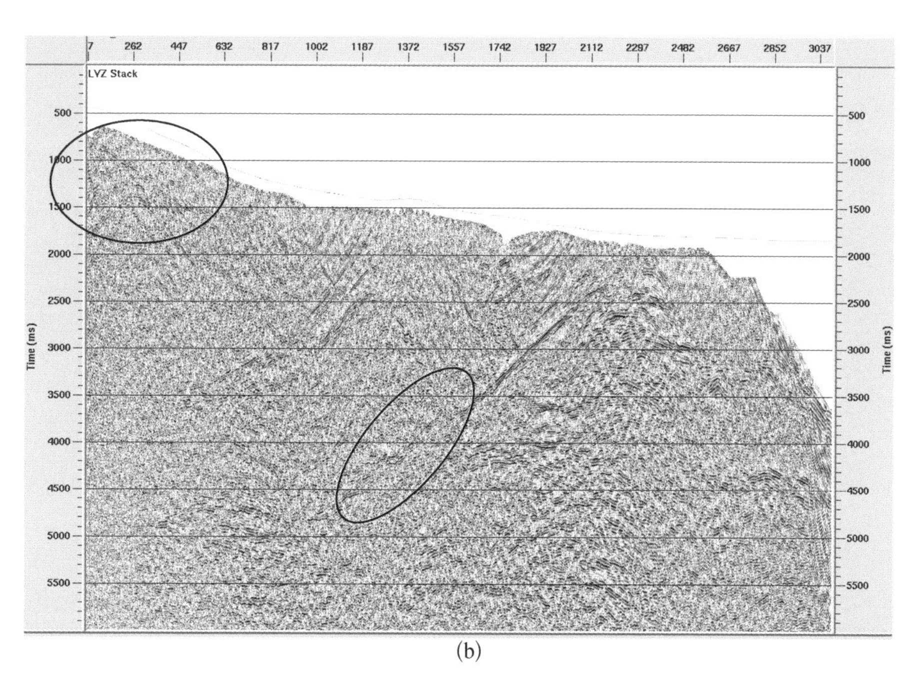

(b)

图 3－19　(a) 折射层析静校正叠加剖面与(b) 本文内部约束层析静校正叠加剖面对比

反映得更加细致。该结果说明本文的内部约束层析成像可以应用于实际资料处理,可以取得与传统折射静校正相比拟的结果,甚至局部更加精细。

3.2.6　小结

克服地球物理反演多解性的一个重要方法就是利用先验信息对反演过程及反演结果进行约束。传统的地震走时层析方法主要是通过外部约束来达到利用先验信息的目的,这样做会破坏走时层析的线性假设条件,甚至会使层析算法不稳定。本文将先验信息分为三类,并在理论上阐述了如何利用正则化方法将这些先验信息融入层析方程中去,这样做不但保证了层析成像的初始假设条件,而且可以达到更有效地利用先验信息的目的。理论试验和实际资料的处理结果也证明了这种内部约束方法的优越性和实用性。

本节存在的问题是，三类正则化方法所对应的正则化系数的相对关系可以确定，但它们的绝对数值如何确定值得深入研究。

3.3 偏移距加权初至波层析成像

3.3.1 MOR 层析反演

影响层析反演结果的因素有很多[19]，反演策略是其中的一个重要因素。根据不同的反演目标制定不同的反演策略，在提高反演精度的同时还可以达到事半功倍的效果。

图 3-20 所示为一理论模型的射线追踪图。从该图可以看出，近道对应的射线主要集中在浅层，而远道对应的射线在浅层与深层都有分布。根据射线层析成像成功应用的假设前提，即只有射线路径经过的空间区域，对应的模型参数才能够被反演出来，而且反演的精度与射线的

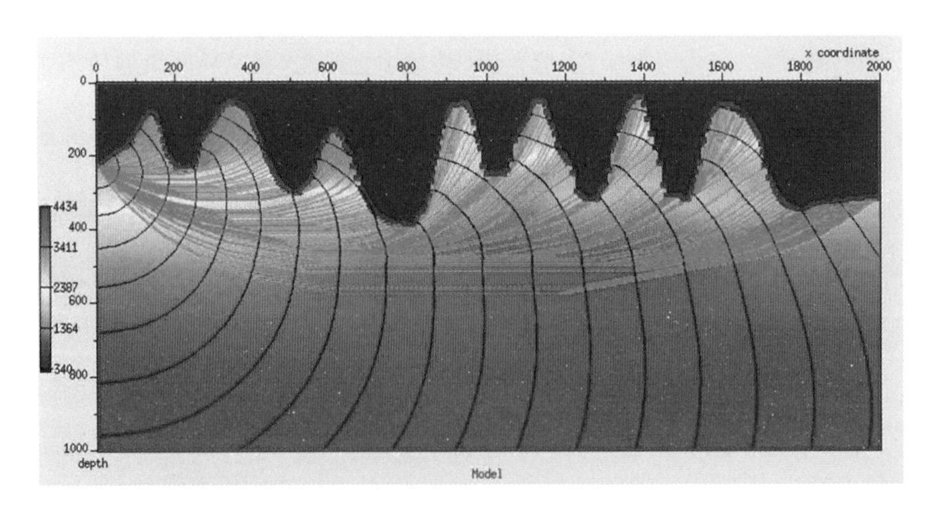

图 3-20　二维起伏地表理论模型，红色虚线代表起伏地表，唯一的激发点位于地表的最左边，接收点均匀分布于整个地表，绿线代表射线路径，蓝线代表不同时刻的波前面

覆盖密度成正比[112]，本文可以给出如下结论：利用大偏移距的初至数据可以同时反演得到浅层及深层的模型参数，利用小偏移距的初至数据只能反演得到浅层的模型参数。结合本文第 2 章第 5 节的结论，即初至层析反演的分辨率随深度增加而下降，本文给出进一步的结论：对于初至层析成像而言，浅层的精细速度结构主要隐藏在小偏移距的初至数据当中，深层的速度结构主要隐藏在大偏移距的初至数据当中。因此，欲反演浅层的精细速度结构需要重点利用小偏移距初至数据，欲反演深层速度结构需要重点利用大偏移距初至数据。

考虑到浅层模型参数与深层模型参数同时对大偏移距初至数据产生影响，本文提出采用 MOR(Multiple Offset Range)层析反演策略取代 SOR(Single Offset Range)层析反演策略。即首先根据大偏移距的初至信息进行层析反演，以获得浅层至深层的宏观速度分布，然后以其反演结果作为初始模型，再以较小偏移距的初至信息进行层析反演，以提高浅层的反演精度。图 3－21 所示是 MOR 层析理论模型试验结果，图 3－22 所示是某实际测线的 MOR 射线层析反演结果。不难看出，无论是在理论模型上还是在实际资料处理中，没缩小一次偏移距范围，表层的速度结构就更加精细一些，尤其是表层的低速构造被成功地反演了出来，这是传统的 SOR 初至波层析成像所无法达到的。由此可见 MOR 层析反演策略的优势。

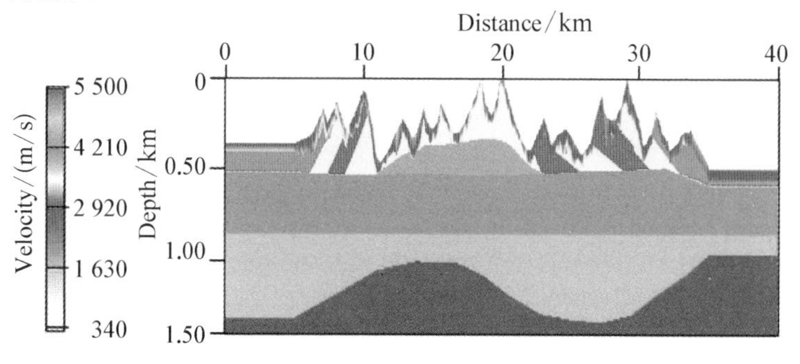

(a) 二维复杂起伏地表理论模型

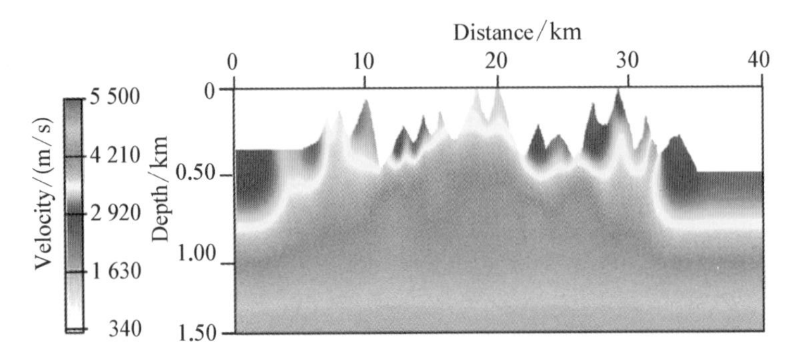

(b) −2 000～2 000 m 偏移距初至信息层析反演结果

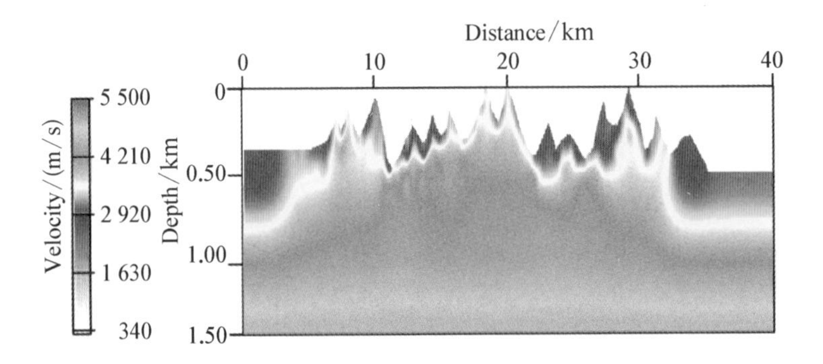

(c) 以图 3-21(b)为初始模型，利用−1 000～1 000 m
偏移距初至信息层析反演结果

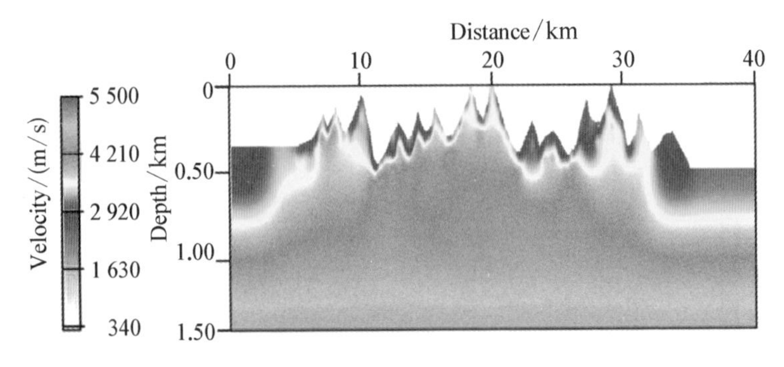

(d) 以图 3-21(c)为初始模型，利用−500～500 m
偏移距初至信息层析反演结果

图 3-21

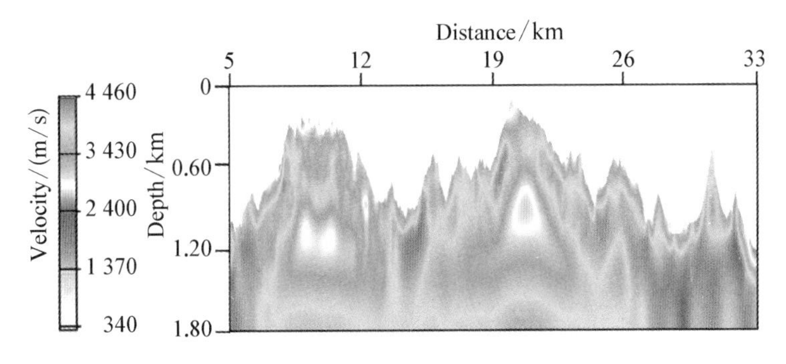

(a) 利用−2 000～2 000 m偏移距初至信息层析反演结果

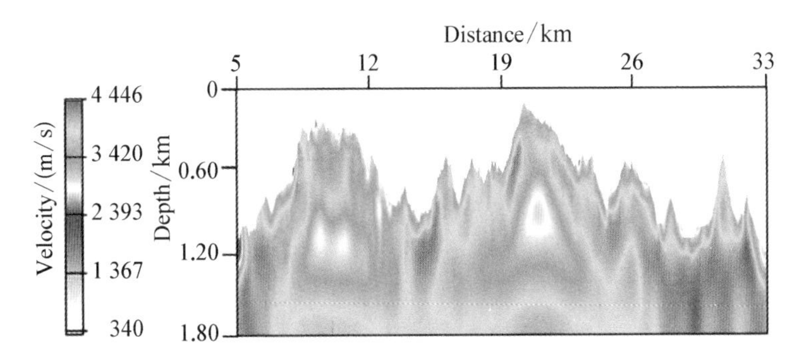

(b) 以图3-22(a)为初始模型，利用−1 000～1 000 m偏移距初至信息层析反演结果

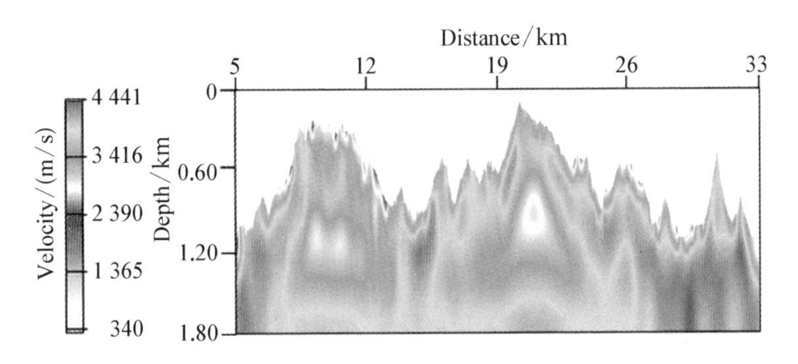

(c) 以图3-22(b)为初始模型，利用−500～500 m偏移距初至信息层析反演结果

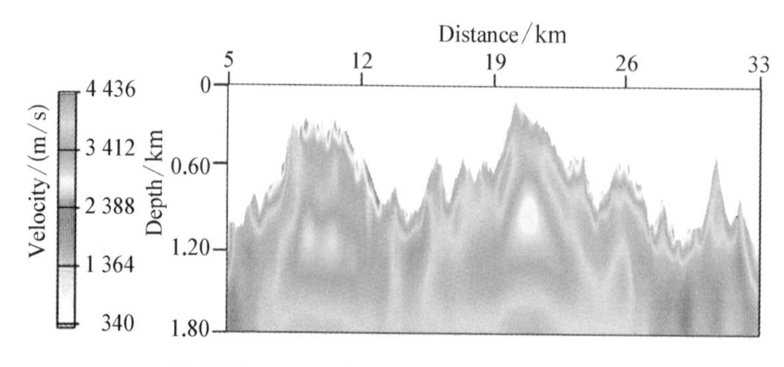

(d) 以图 3-22(c)为初始模型,利用-250～250 m
偏移距初至信息层析反演结果

图 3-22

3.3.2 偏移距加权地震层析成像

根据 Tarantola 及 Valette[111] 对非线性反演问题目标函数的定义式(3-18):

$$E(m)=(Lm-d)^T C_p^{-1}(Lm-d)+\varepsilon^2(m-m_0)^T C_m^{-1}(m-m_0) \tag{3-18}$$

其中,L 为正演算子,m 为模型,m_0 为期望先验模型,d 为观测数据,C_p 为观测数据预测误差构成的协方差矩阵,C_m 为期望模型预测误差构成的协方差矩阵,ε 为衡量数据长度与模型长度权重的因子。C_p 是一个对角阵,其中的每一个元素为观测数据预测误差的平方 σ_{sg}^2(见式(3-20a))。

根据式(3-18),可以得到初至波走时层析的最优解表达式(3-19):

$$\Delta s^{est}=(L^T C_p^{-1} L+\varepsilon^2 C_m^{-1})^{-1} L^T C_p^{-1}\nabla t \tag{3-19}$$

由于实际应用中,C_p 与 C_m 难于找到一个理论上的解析表达式,考虑到 C_p^{-1} 项其实是对观测数据的加权,本文给出 C_p^{-1} 一种等效的解析表达形式,如式(3-20b)所示:

$$C_p^{-1} = \mathrm{diag}\left(\frac{1}{\sigma_{sg}^2}\right) \tag{3-20a}$$

$$C_p^{-1} \cong \mathrm{diag}\left(\frac{h_{\max}}{h_{sg} + \frac{h_{\max}}{d}}\right) \tag{3-20b}$$

其中，$h_{\max}$为最大偏移距，h 表示当前偏移距，d 为最大权系数(即偏移距等于零时的值)。这里，d 是一个比较大的数。由式(3－20b)易见，本文取最大偏移距的权系数为 1，而零偏移距的权系数为 d。之所以说式(3－20b)与式(3－20a)等效，是因为小偏移距初至的拾取误差小，而由于受到噪音的干扰，大偏移距的初至拾取误差大。所以根据式(3－20a)小偏移距的权重大，大偏移距的权重小，这与式(3－20b)的表现是相同的。本文不考虑模型的协方差矩阵，所以，这里 C_m^{-1} 取单位矩阵。为方便区分，本文称目标函数采用式(3－20b)作为目标函数式(3－18)中协方差矩阵 C_p^{-1} 的初至波层析成像方法为偏移距加权地震层析成像方法。

图 3－23 所示为针对图 3－21 与图 3－22 的理论模型实验与实际资料的偏移距加权地震层析成像反演结果，可以看出该结果与 MOR 的反演结果(图 3－21(c)、图 3－22(d))有一定的相似性。但与 MOR 层析相比，这种方法避免了多次层析反演，即一次反演就可以达到 MOR 的效果，甚至优于 MOR 的层析效果，见图 3－23 中标记的区域。

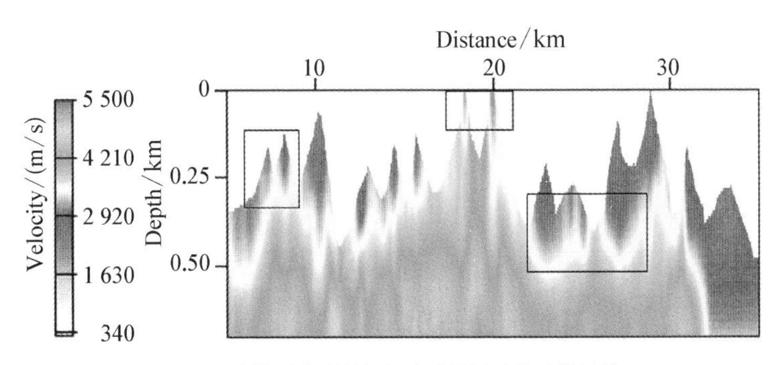

(a) 理论模型偏移距加权地震层析成像反演结果

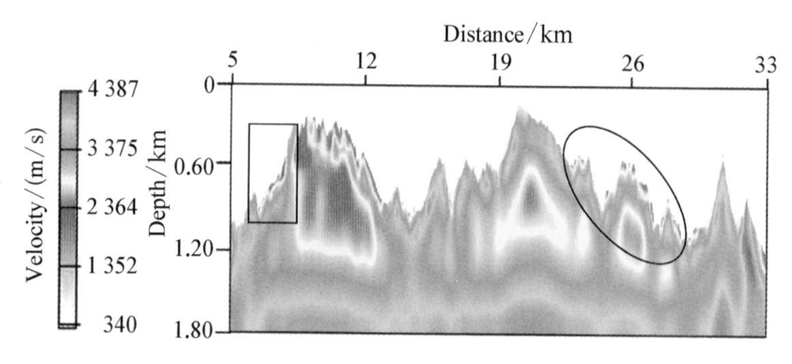

(b) 实际资料偏移距加权地震层析成像反演结果

图 3-23

3.3.3 小结

基于初至层析反演中利用的数据与反演精度的经验认识,本节提出了 MOR 层析反演策略,并在理论模型与实际资料上对方法的有效性进行了验证。为了简化 MOR 层析反演的迭代步骤,根据数据协方差矩阵在广义反演目标函数中的物理意义,本文给出了新的数据协方差矩阵表达形式,进而提出了偏移距加权地震层析成像方法。这样一次偏移距加权地震层析成像就可以实现精细的 MOR 层析反演策略,并且在实际资料中得到了较好的效果。

3.4 反射层析中的速度与深度解耦方法

由于实际反射地震数据的信噪比比较低,即使在海上数据上直接拾取连续的反射同相轴也异常困难。同时,速度与深度的耦合性导致在处理实际资料时,无法精确获取反射界面的位置,因此反射层析成像方法很难直接应用于实际资料处理。为此,本文提出速度、深度交替迭代,逐层反演的反射层析策略。

3.4.1　解耦方法

反演每一层时，首先固定界面位置，用反射层析更新速度模型；然后保持速度不变，基于零偏或近偏剖面更新反射界面位置；如此交替进行，直到满足设定的结束条件为止。单层反演流程图如图 3-24 所示，主要步骤如下：

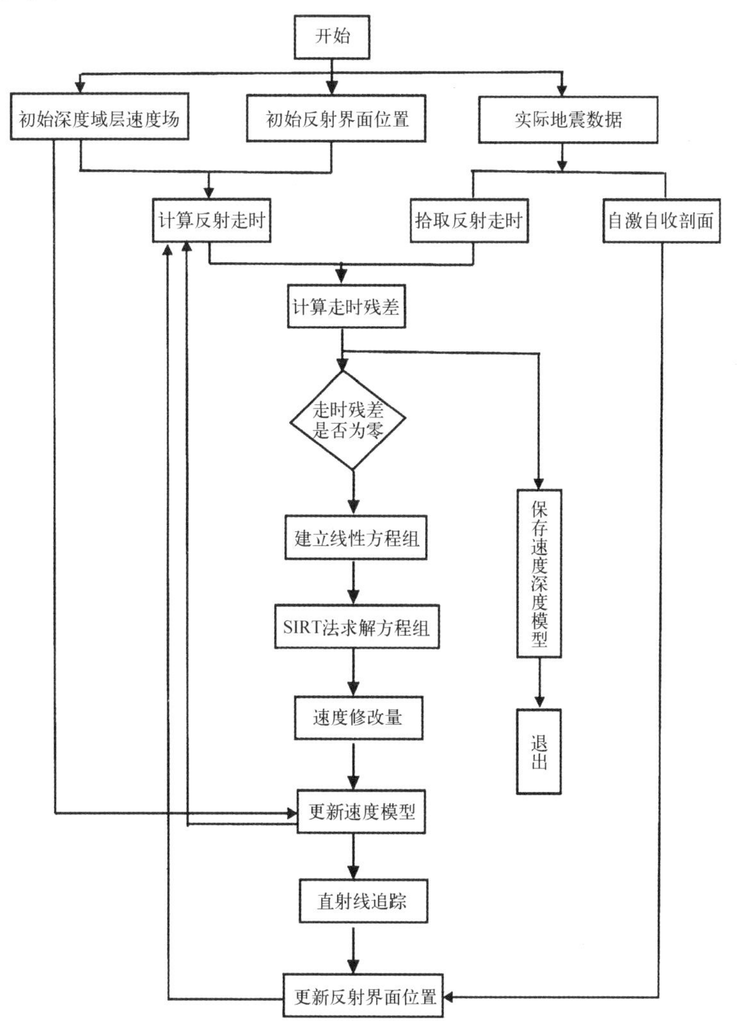

图 3-24　反射走时层析速度建模流程图

(1) 基于炮数据拾取反射走时,建立初始速度模型;

(2) 抽取零偏或近偏剖面,拾取自激自收时间$\vec{t}_0$,根据初始速度模型,确定初始反射界面的深度位置$\vec{d}_0$;

(3) 固定反射界面位置,进行反射层析反演,更新速度模型;

(4) 在更新后的速度模型上进行垂直射线追踪,合成新的自激自收时间$\vec{t}_1$,根据$\vec{t}_1$与$\vec{t}_0$的时差,更新反射界面位置得到新的深度$\vec{d}_1$;

(5) 循环步骤(3)和(4),直到满足一定的精度要求结束,开始下一层的反演。

3.4.2 理论模型实验

为了验证该策略的有效性,本文设计了图 3-25 所示的由三个层位构成的四层层状介质理论模型。该模型横向有 2 501 个采样点,采样间隔 10 m,纵向有 301 个采样点,采样间隔 10 m。701 个炮点每 20 m 间隔在水平地表 5 500～19 500 m 范围内分别激发。接收系统为 5 000—10—0—10—5 000,接收长度 3 000 ms,时间采样间隔 0.5 ms。根据模拟的地震记录抽取的零偏剖面如图 3-26 所示。在该零偏剖面上拾取$\vec{t}_0$作为界面更新的数据标准,拾取反射同相轴走时作为反射层析模型更新的数据标准。反射射线层析与反射菲涅尔体层析使用相同的 1 300 m/s 的低速均匀初始模型。最终反射射线层析反演结果与界面位置如图 3-27(a)所示,反射菲涅尔体层析反演结果与界面位置如图 3-27(b)所示。从图 3-27 可以看出,本文提出的速度、深度交替迭代逐层反演的反射层析策略是可行的。但同时可以发现,浅层的界面及速度反演的比较好,但深层的界面及速度反演的效果并不理想。这是由反演误差累积造成的,解决这个问题必须提高每一层的反演精度,或者采用其他的策略,如所有界面的深度、速度同时反演。由图 3-27(a)、图 3-27(b)还可以发现同一层的反演结果并不均匀,这是反射射线密度分布不均匀(参考图

3－33、图 3－34)造成的，这也是导致每一层产生误差的原因。解决这个问题可能需要采用正则化处理(本章第 2 节)，遗憾的是，为了节省计算量与内存，本文的反射射线层析并没有进行正则化处理，以后的工作需

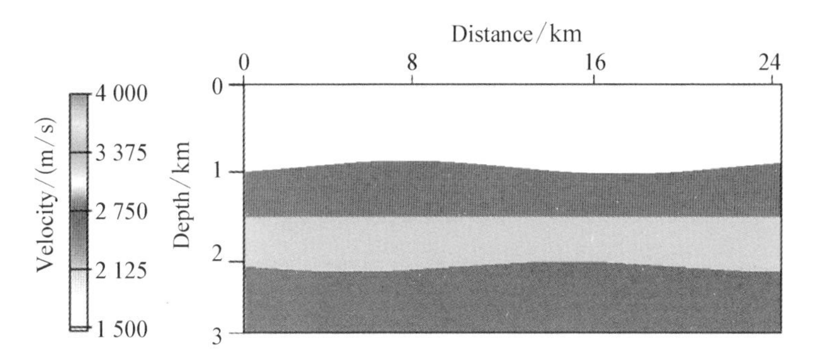

图 3－25　四层层状介质理论模型

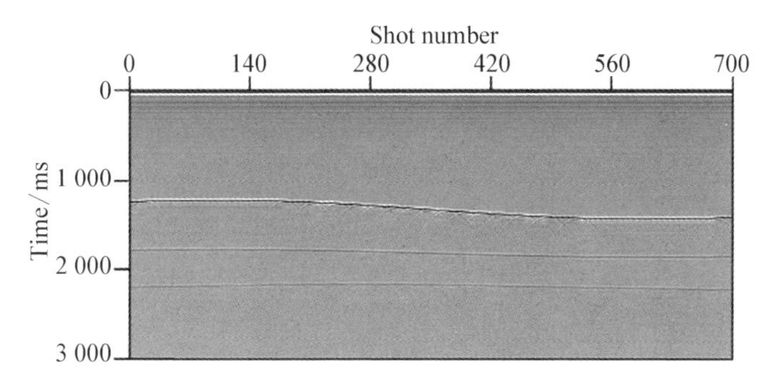

图 3－26　根据模拟地震记录抽取的零偏剖面

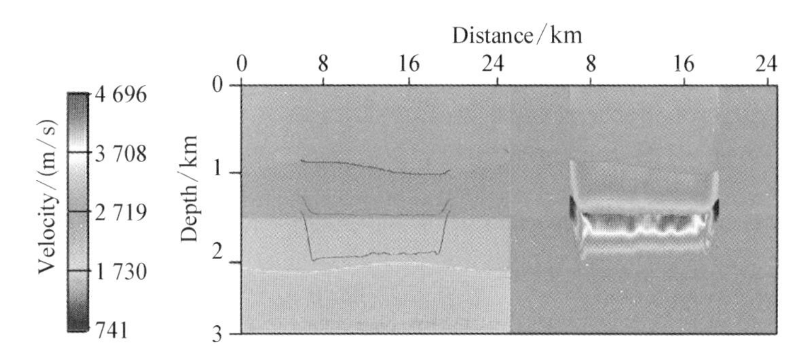

(a) 反射射线层析反演结果(右)与理论模型(左)，蓝线为反演得到的界面深度

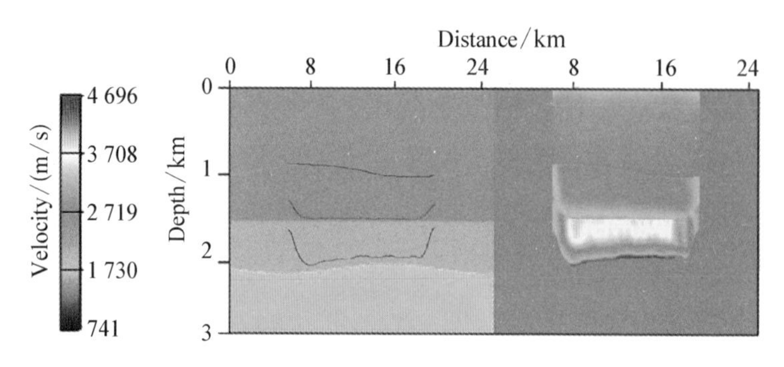

(b) 反射菲涅尔体层析反演结果(右)与理论模型(左),蓝线为反演得到的界面深度

图 3-27

要考虑这一点。图 3-27 及图 3-28 的对比表明,反射菲涅尔体层析反演结果比反射射线层析反演结果更加精确、均匀,这进一步证明了反射菲涅尔体层析相对于反射射线层析的优越性。

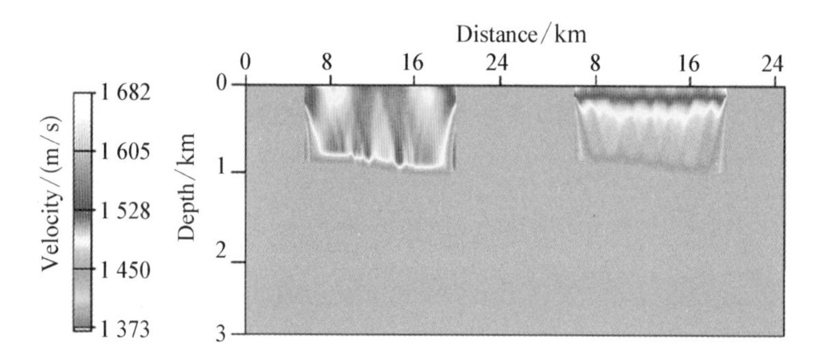

图 3-28　反射射线层析(左)与反射菲涅尔体层析(右)第一层反演结果对比

3.4.3　小结

为了解决反射层析中速度、深度解耦的问题,本节提出了基于零偏或近偏剖面的速度、深度交替迭代逐层反演的反射层析反演策略。之所以采用该策略而放弃传统的基于偏移共成像点道集的速度分析策略,是为了节省计算量,减少交互拾取以提高计算效率。也就是说,本节提出的该策略基本没有增加层析反演的计算量,而且反演过程中不需要交互

拾取全部自动完成。该策略在层状介质理论模型反演中得到了验证，同时证明了反射菲涅尔体层析比反射射线层析具有更高的反演精度。该方法的局限性是，由于基于零偏或近偏剖面更新反射界面位置时采用垂直自激自收时间合成$\tilde{t}_0$时间，因此，只有当反射界面起伏比较平缓的条件下，该方法才是可行的。界面起伏剧烈情况下需要对该方法进行改进，这将在以后的研究工作中完成。

3.5　反射、初至联合层析成像反演表层速度结构

在山地地震勘探中，近地表速度结构反演是一个非常迫切但又很难解决的问题。尽管国内外学者对这个问题进行了大量的研究[74, 75, 113-117]，但到目前为止，这个问题仍没有得到很好的解决，直接影响了表层校正效果及成像质量。要解决这个问题，应该充分利用地震波的走时和波形(包括振幅、相位、频率等)信息，结合线性反演、拟线性反演、完全非线性反演等多种反演手段，在地表调查资料和已知地质认识等先验信息的约束下，采用多信息、多方法联合反演的方式加以解决。尽管联合反演是最终的目标，但它仍依赖于单一反演手段的提高。

目前，广泛采用的是基于射线的单一表层反演手段包括折射层析、反射层析与初至波走时层析。折射层析以层状模型假设为基础，尽管折射层析有时可以得到比较好的静校正效果，但层状假设的前提条件并不总能得到满足[118, 119]。反射层析可以用于中深层的速度结构反演[20]，但目前作为一个重要的速度建模手段，反射层析较多地被用在了偏移速度分析中[24, 26]。之所以很少应用于表层速度反演是由于表层的反射信息较少，而且受复杂地表散射影响不易提取，另外则由于反射层析的纵向分辨

率较低。初至波走时层析没有层状模型假设,它适应于任意表层速度结构的反演,反演结果能够比较好地反映表层速度的低频趋势[15,16,18,19]。

为了利用更多的信息进行层析成像反演,20 世纪 80 年代就已经提出了波动方程层析成像方法[35, 37, 38, 40, 42, 55]。由于波动方程层析不需要高频近似,在理论上比走时层析具有更高的反演分辨率[88]。但它计算效率非常低,对初始模型要求很高,再加上地震子波反演困难、地震信号的信噪比较低、实际地震波传播难以准确描述等诸多现实问题,严重制约了波动方程层析在实际地震反演中的应用。因此,一些学者[28, 29, 35, 63, 65, 80, 81]进行了有限频层析成像反演理论与方法的研究,取得了较好的效果。但所利用的信息仍是单一震相的地震信息,如初至震相。

初至波与来自浅层的反射波包含了大量的近地表介质属性信息。反射层析与初至层析是两种重要的,基于这两种地震信息的反演方法。为了尽可能多地、有效地利用地震数据反演表层速度结构,考虑到反射层析的反演精度,深部优于浅部,初至层析的反演精度,浅部优于深部,同时为了避免反射层析方程严重病态导致的反演不稳定性,本文提出反射、初至"串联"联合层析反演方法。该方法在理论模型上得到了很好的验证。

3.5.1 反射层析与初至层析

为了分析反射层析与初至层析的反演特点与反演能力,本文首先进行了这两种层析方法的理论模型实验,其理论模型如图 3-29 所示。观测系统为地表激发、地表接收。起始炮点位于水平方向 5 km 处,以 40 m 间隔沿地表激发了 640 炮。每炮 201 道,道间隔 20 m,中间激发两边对称接收,最大偏移距为 2 km。在模拟垂直分量记录上拾取反射与初至走时。反射层析采用匀速初始模型,初至层析采用梯度初始模型(反演中均假设反射界面已知)，反演结果如图 3－30 所示。为了定量对比，图 3－31 所示为地表以下等间隔深度处抽取的速度切片。可以发现，反射层析的反演效果总体上劣于初至层析的反演效果。反演收敛图 3－32 表明反射层析反演过程不稳定。根据图 3－30—图 3－32，结合先验理论认识不难理解，反射层析效果不理理想的原因在于反射射线的照明角度太小，而且方向比较单一(图 3－33)，导致层析方程病态严重。同时结合本文第 2 章第 5 节的认识，本文还可以给出另一些认识：(1) 初至层析层间反演的比较好，反射层析界面反演得比较好，如图 3－30 的椭圆形框所示；(2) 反射层析的反演精度，深部高于浅部，初至层析的反演精度，浅部优于深部，如图 3－31、图 3－34 所示；(3) 反射层析对高陡构造比较敏感，而初至层析对平缓构造比较敏感，如图 3－30 的矩形框所示。

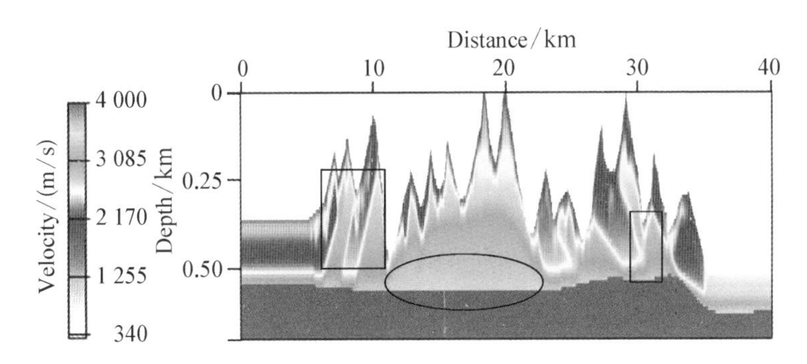

图 3－29　反射层析实验所采用的理论模型

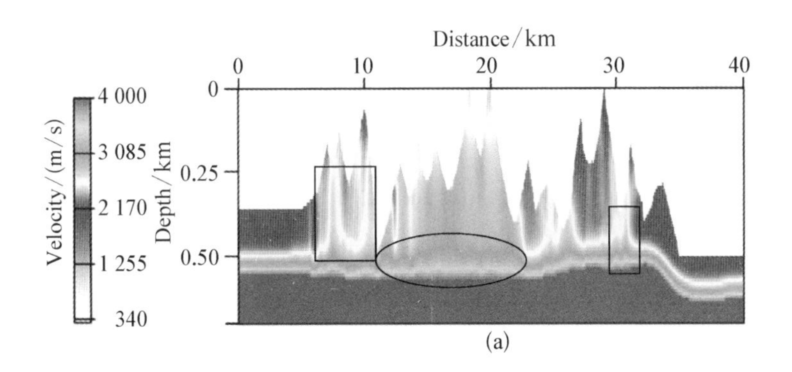

(a)

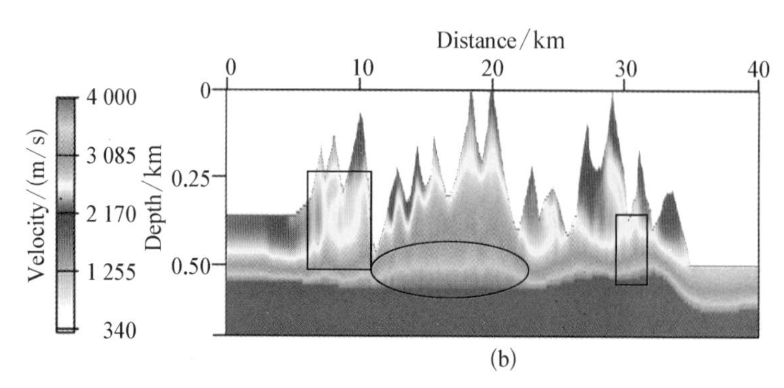

(b)

图 3-30　理论模型(图 3-29)的反射层析反演结果(a)与初至层析反演结果(b)

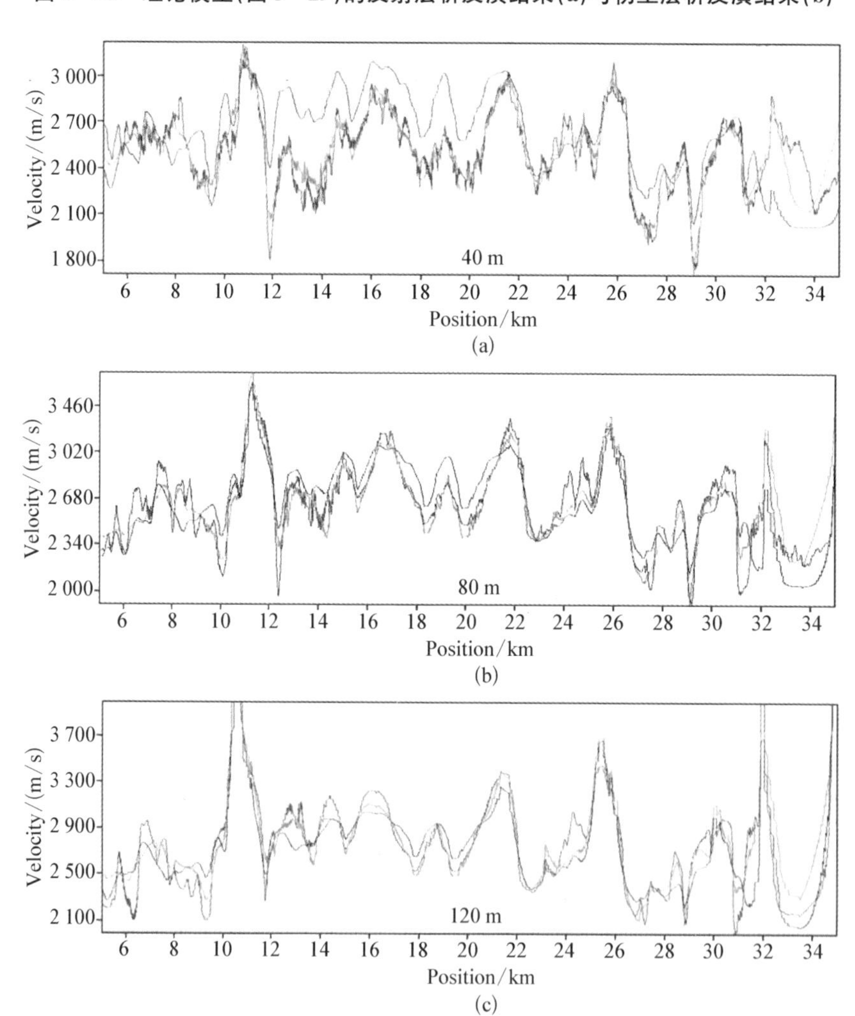

(a)

(b)

(c)

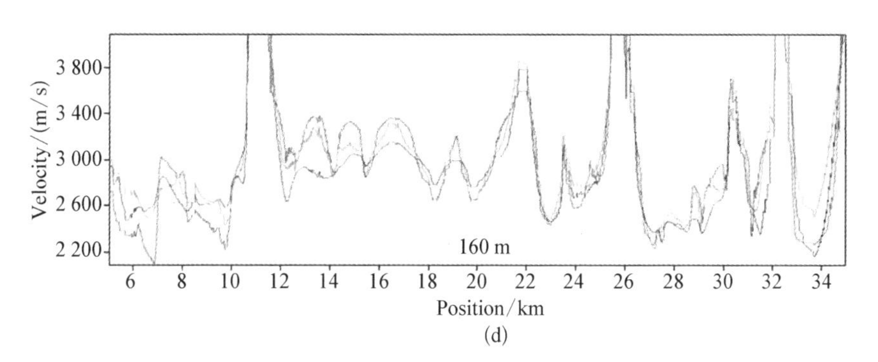

(d)

图 3-31　理论模型(红线)、初至层析反演结果(绿线)与反射层析反演结果(蓝线)在起伏地表下不同深度处的速度切片对比

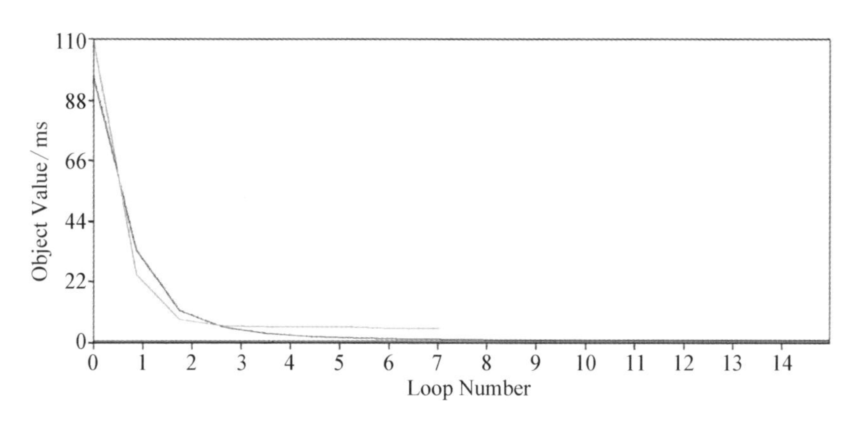

图 3-32　理论模型(图 3-29)的反射层析(绿线)与初至层析(红线)反演收敛图

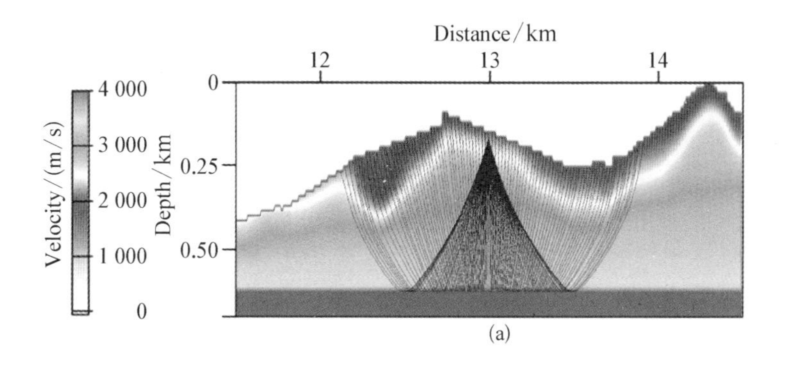

(a)

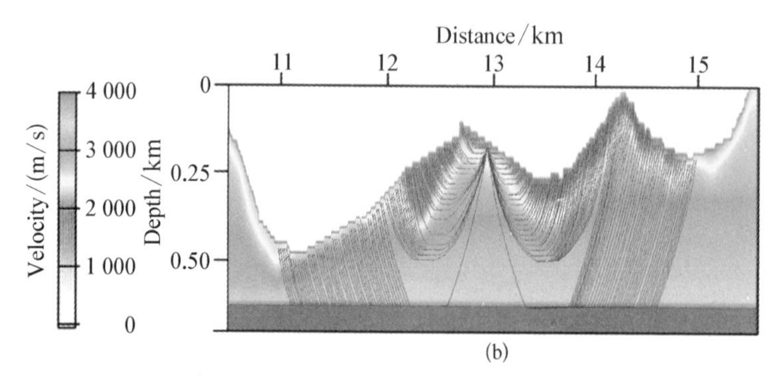

图 3-33　同一激发点的反射(a)与初至(b)射线路径对比图

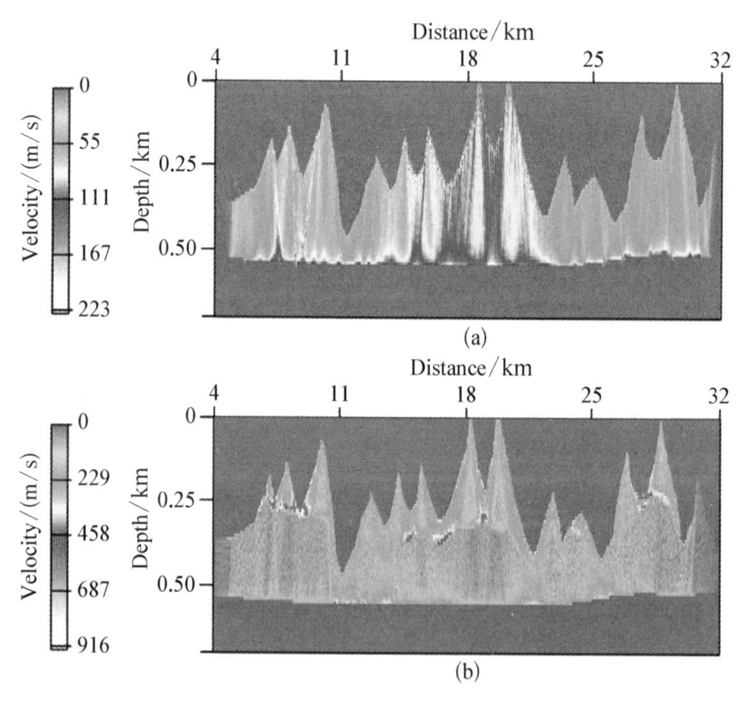

图 3-34　理论模型(图 3-29)的反射层析(a)与初至层析(b)最终反演结果射线密度图

需要注意的是，层析成像属于非线性反演问题的线性化反演方法，它对初始模型有一定的依赖性(见本章第 1 节)。从理论上来讲，初至层析的初始模型都应该尽可能多地、准确地包含介质的低波数信息[120]。从实际应用上来讲，对于初至层析，为了初次迭代能够得到较多的初至回转波射线，一般给出梯度初始模型[19]。但对于反射层析，反演效果对梯度初始模型的梯度大小很敏感，梯度大会导致经过反射界面的反射射线减少。为了反射层析初次迭代能够得到尽量多的反射射线，可以给匀速初始模型或小梯度初始模型。

3.5.2　反射、初至“并联”层析

从图 3－33 可以发现，初至射线与反射射线在某种程度上是互补的。为了提高射线的覆盖率，本文尝试进行了反射、初至“并联”层析成像反演。所谓“并联”，就是将反射层析方程与初至层析方程联立在一起求解的层析成像方法。“并联”层析反演结果如图 3－35 所示。与反射层析结果(图 3－30(a))相比，“并联”层析反演的反演结果有所改进，但却劣于初至层析的反演结果(图 3－30(b))，而且反演过程仍不稳定。原因在于，“并联”层析反演的层析方程的性态受到反射层析方程病态的影响，导致反射层析方程的性态得到了改善，但初至层析方程的性态却变差，导致反演结果介于二者之间，而不是变得更好。

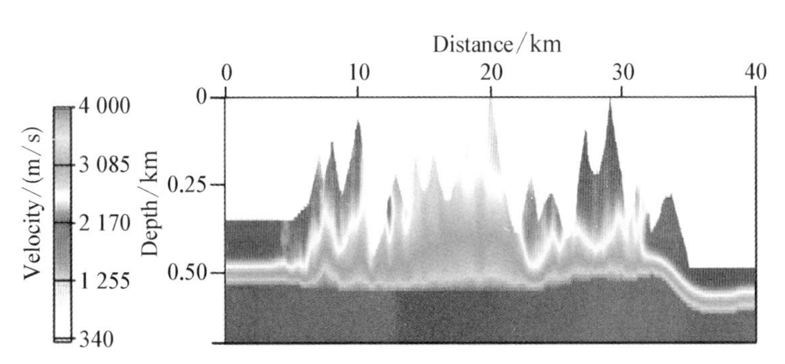

图 3－35　反射、初至“并联”层析反演结果

3.5.3　反射、初至“串联”层析

为了有效利用反射、初至信息，发挥反射层析与初至层析各自的优势，本文同时提出反射、初至“串联”层析反演策略，即首先基于反射波信

息进行反射层析成像反演，然后将反演结果作为初始模型进行初至层析成像反演。图 3－36 展示了理论模型初至层析反演结果与“串联”层析反演结果的对比。图 3－37 所示为“串联”层析反演结果、初至层析反演结果与理论模型在地表以下不同深度处的速度切片对比。从图 3－36、图 3－37 可以看出，浅层的“串联”层析反演与初至层析反演效果相当，但随着深度的增加，“串联”反演比初至反演效果更好，反射层析的贡献渐渐得到了体现。“串联”层析反演之所以取得了优于“并联”反演的效果，原因在于反射层析与初至层析都充分地利用各自的观测数据挖掘出了隐藏在数据中的模型信息。二者的“串联”达到了对反演模型特征的相互弥补，而不是“并联”中的相互牵制。另外，初至层析与反射层析除方程性态不同外，它们对初始模型的依赖性不同，对平滑因子等反演参数的要求不同等应用性因素可能也是导致“并联”失败的原因。

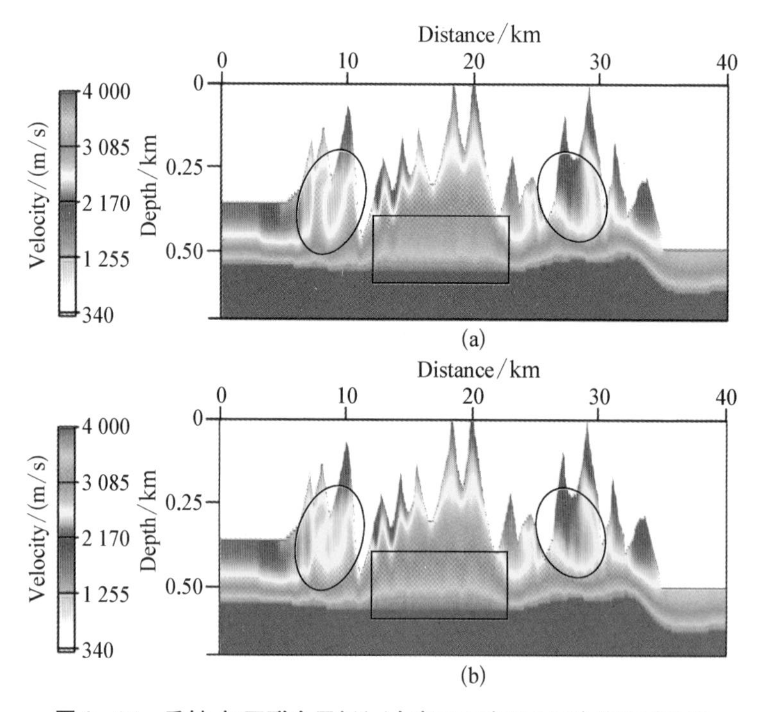

图 3－36　反射、初至联合层析(a)与初至层析(b)反演结果对比图

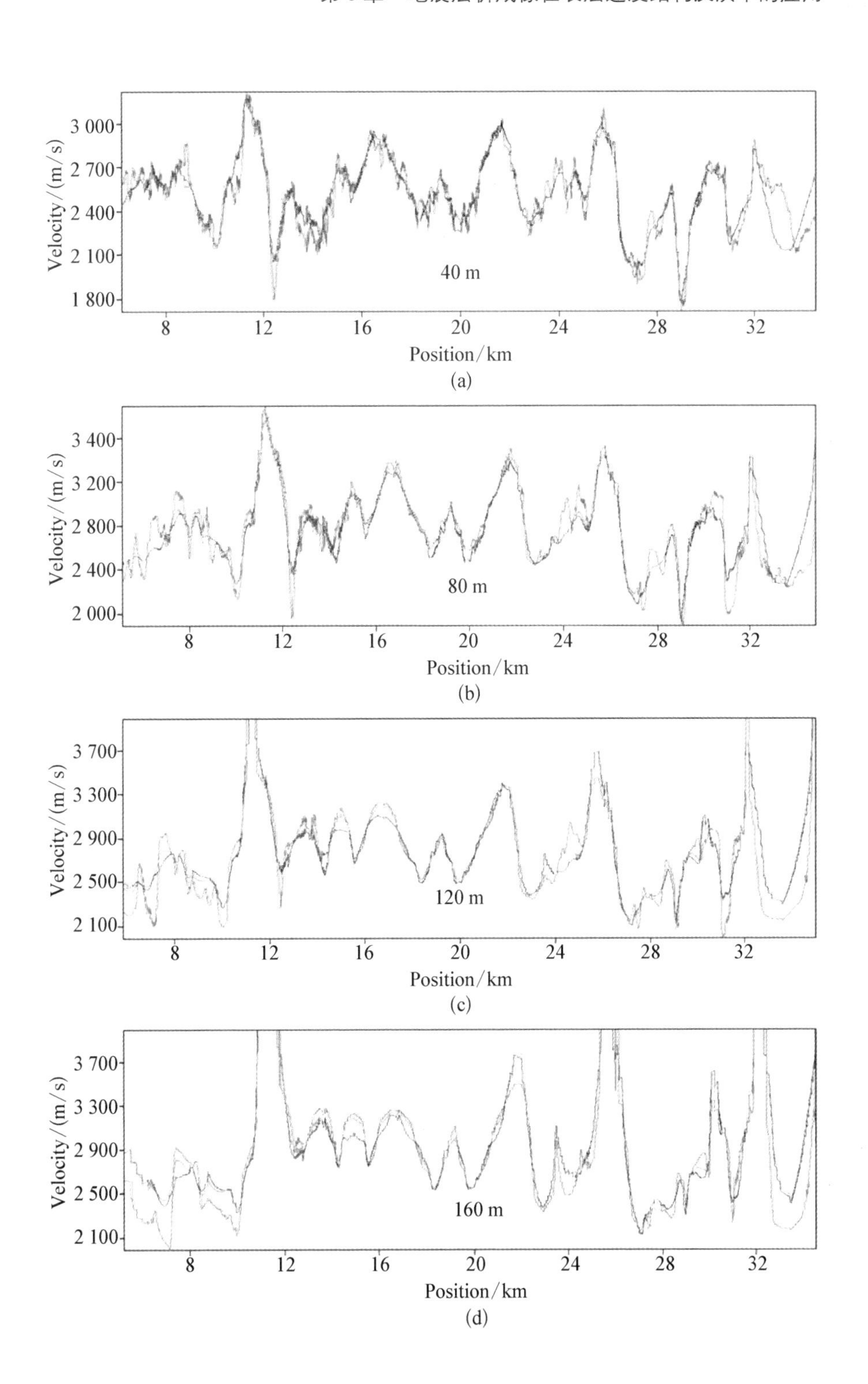
Velocity/(m/s)
3 000
2 700
2 400
2 100
1 800
40 m
8
12
16
20
24
28
32
Position/km
(a)
Velocity/(m/s)
3 400
3 200
2 800
2 400
2 000
80 m
8
12
16
20
24
28
32
Position/km
(b)
Velocity/(m/s)
3 700
3 300
2 900
2 500
2 100
120 m
8
12
16
20
24
28
32
Position/km
(c)
Velocity/(m/s)
3 700
3 300
2 900
2 500
2 100
160 m
8
12
16
20
24
28
32
Position/km
(d)

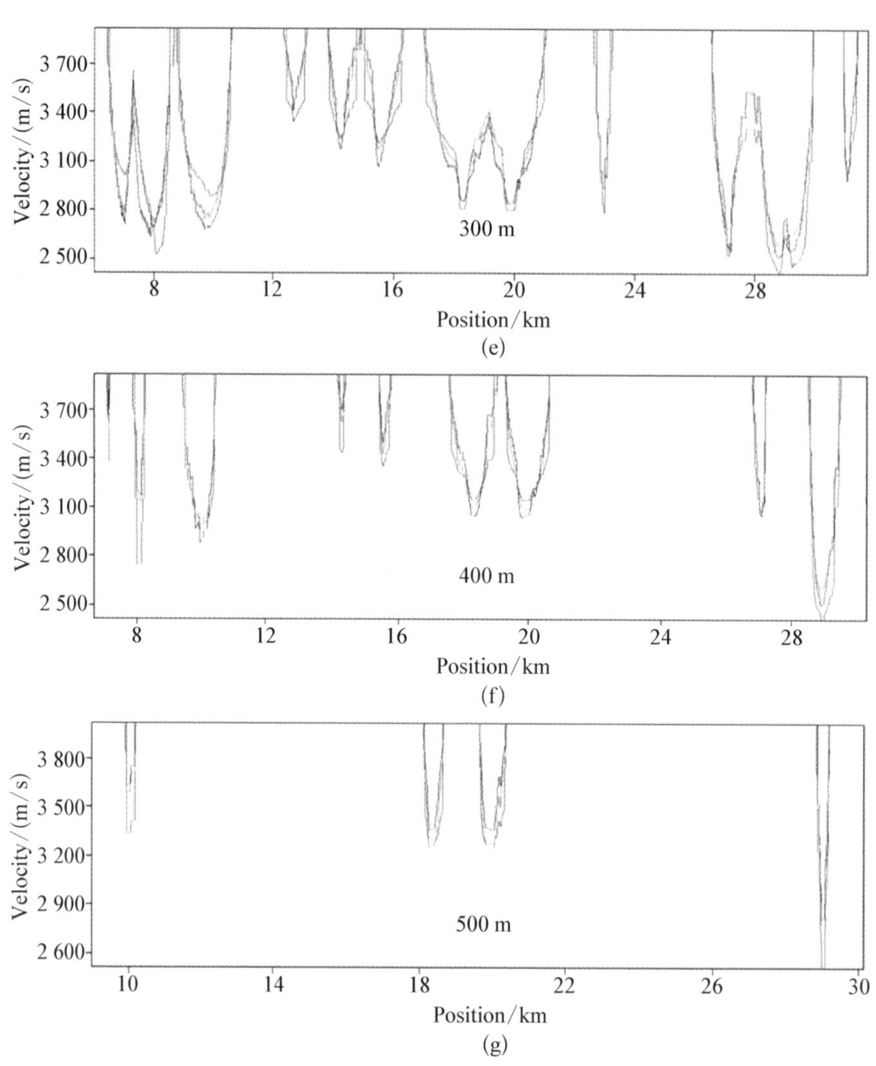

图 3-37　理论模型(红线)、初至层析反演结果(连线)与串联层析反演结果(绿线)在起伏地表下不同深度处的速度切片对比

3.5.4　小结

本节对比了反射、初至层析成像方法的反演特点，并进行了反射、初至"并联"层析与反射、初至"串联"层析的理论模型实验。通过模型实验与经验认识，提出反射、初至"串联"的层析成像反演策略可以相互弥补各自的劣势、发挥各自的优势，到达提高全模型空间反演精度的目的。“串联”层析策略的成功应用也使得基于大偏移距初至观测数据与多界面反射信息直接反演全空间速度结构成为可能。值得讨论的是，本节第一部分对反射层析的性态分析尚不够深入，如没有进行类似于本章第 1 节的反射层析对初始模型的依赖性研究；没有进行类似于本文第 2 章第 5 节的反射层析分辨率研究等。这些内容需要在以后的工作中继续深入。

3.6　面向起伏地表偏移成像的表层静校正方法

静校正是传统地震数据处理流程中的关键一步，其效果的好坏直接决定了叠加剖面的信噪比和分辨率，进而影响速度分析和成像的质量[121]。不可否认，传统的“静校正＋叠加＋叠后处理”地震数据处理流程为油气勘探作出了巨大的贡献[122]。然而随着我国油气勘探向西部及南方海相探区的推进，传统的叠后地震数据处理流程已不再适用。因为静校正在地表起伏剧烈，表层速度结构复杂的地区会产生较大误差。因此研究复杂地表情况下的静校正方法，对提高地震数据处理质量、节约勘探成本有着重要的意义[123]。近年来，在复杂地表情况下直接进行以起伏地表偏移成像为代表的叠前地震数据处理的研究越来越多[124-127]。在无法得到高精度的全深度速度模型之前，“两步法”的起伏地表偏移成像方法已成为共识，即首先根据表层速度层析成像结果[80]将观测数据校正至一平滑起伏面上，然后在该起伏面上进行速度分析与成像。第一步尤其关键，一旦基准面确定下来就可以采用传统的垂直静校正或者基于波动方程的基准面延拓方法[128]进行表层校正。而后者仍然受表层模型精度的制约而难以应用于实际资料处理。因此，基准面的确定及垂直静校正是"两步法"中的第一步。

关于起伏基准面,郑鸿明等[129]对平滑地表面与平均静校正量基准面进行了深入的研究对比。理论数据在平滑地表面上得到了较好的静校正效果,平均静校正量基准面也得到了较好的叠加效果,但由于缺乏明确的物理含义而难以应用于叠前成像处理,尤其是叠前深度偏移中。静校正量可以分为高频分量与低频分量。王华忠等[130]指出,由于静校正存在误差,它无法正确校正低频分量,因此在"两步法"起伏地表偏移成像中,静校正只适于进行高频校正,低频校正量应由后续的偏移速度分析完成,这一认识在理论模型试验中采用平滑地表面作为基准面对其进行了验证。本文作者赞同这一观点,但平滑地表面是否是最佳的起伏基准面,文中没有说明,也没有明确给出最佳基准面的确定方法。林伯香[131]根据下剥、上填静校正误差相反的原理提出了最小静校正误差浮动基准面的选取方法。He 等[132]对最小误差浮动基准面进行了完善,并在理论模型与实际资料处理中得到的较好的效果。但该基准面只能保证误差最小,并不代表就是满足王华忠等[130]提出的基准面。

本文根据王华忠等[130]提出的观点,提出了只校正高频静校正量的静校正方法及相应的基准面确定方法。为便于理解与区分,本文将该方法称为高频静校正方法,相应的基准面称为高频基准面。文中通过与其他"两步法"在理论模型与实际资料中的对比,证实了该高频静校正方法及提取的基准面在"两步法"起伏地表偏移成像中是行之有效的。

3.6.1 高频静校正方法与高频基准面的确定

本文认为,在速度底界与最终基准面比较平缓的假设前提下,静校正量中的高频分量来自于起伏地表与表层速度突变两部分。因此,无论哪种静校正方法,只要提取静校正量时用到了起伏地表与表层的速度,那么,得到的静校正量就包含了相同的、正确的高频成分,但它们的低频成分会有所差别，而这部分低频成分恰是静校正的主要误差之所在，如图 3-40 所示。

为方便对比，本文设计了图 3-38(a)所示复杂起伏地表理论模型。该理论模型主要由以下三部分组成：复杂表层Ⅰ、简单中深层水平界面Ⅱ与深层正弦曲界面Ⅲ。这样，根据复杂表层Ⅰ计算得到的静校正量不仅会对本身复杂表层Ⅰ，同时会对下覆简单构造Ⅱ与Ⅲ的"两步法"起伏地表偏移成像结果造成影响。这种影响容易识别，进而可以对比不同静

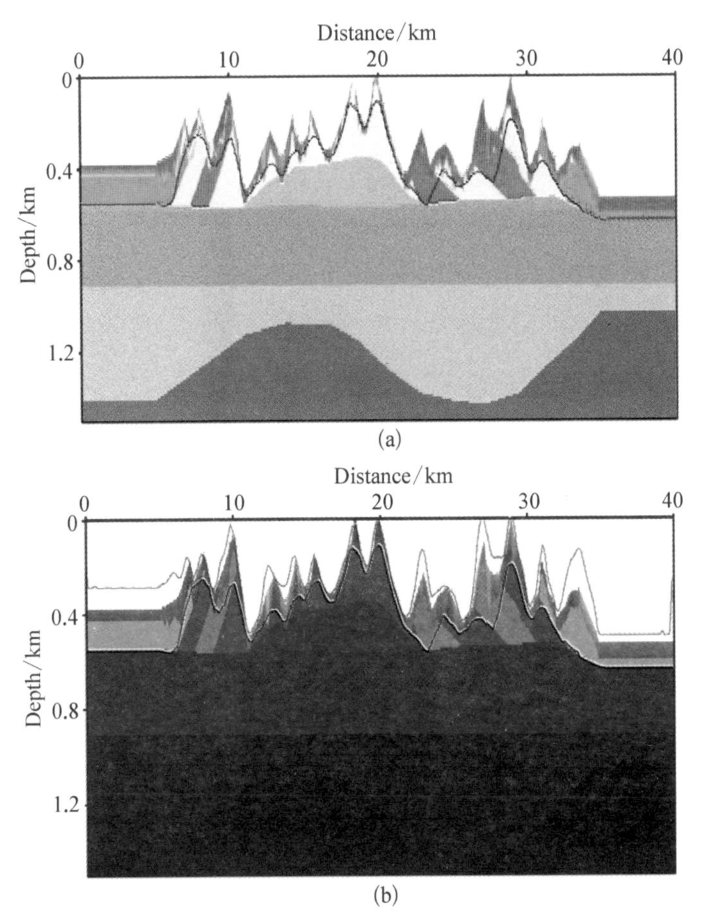

图 3-38　复杂起伏地表理论模型(a)与带基准面的理论模型(b)

(蓝线为平滑底界，红线为阀值 0.5 对应的高频基准面)

校正方法及其基准面的优劣。

本文在该理论模型上提取了三套静校正量。它们是根据同一个速度底界(图 3-38 中的蓝线)提取的。第一套为下剥至底界再向上填充至最大高程处的水平基准面得到的校正量 T_1;第二套为下剥至底界再向上填充至平滑地表基准面得到的校正量 T_2;第三套为只下剥至底界而无上填得到的校正量 T_3(图 3-39(a))。提取 T_1,T_2 与 T_3 中的任意一个(不妨以 T_1 为例)校正量中波数大于 0.5(文中称此值为高频阈值 $\times 10^{-3}$,为行文方便,下文省略 $\times 10^{-3}$)的高频成分得到 ΔT,如图 3-39(b)

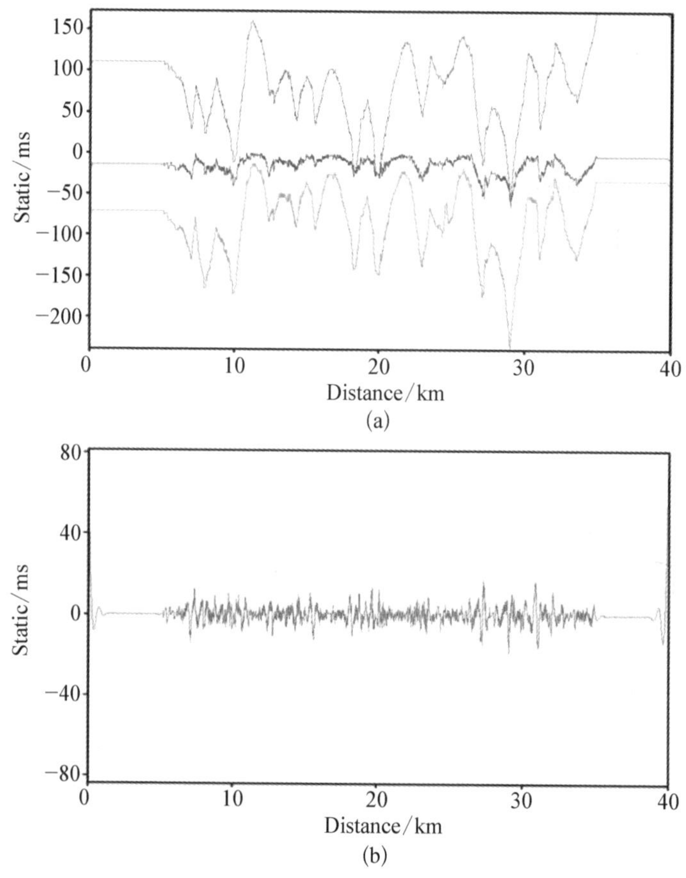

图 3-39　从上到下分别为 T_1,T_2,T_3 对应的三套静校正量(a)与 T_1 的高频校正分量(b)

所示，其对应的高频基准面根据式(3－21)计算：

$$E_d = (\Delta T - T_0)V + E_b \quad (\Delta T \geqslant T_0) \tag{3-21}$$

式中，E_d 表示反推的高频基准面高程，E_b 表示平滑底界高程，V 为替换速度(一般为底界速度)，T_0 为恒负的下剥静校正量。由于高频校正量 ΔT 的绝对值一般比较小，T_0 一般为绝对值较大的恒负量，所以，式(3－21) 中的条件 $\Delta T \geqslant T_0$ 一般是可以得到满足的。

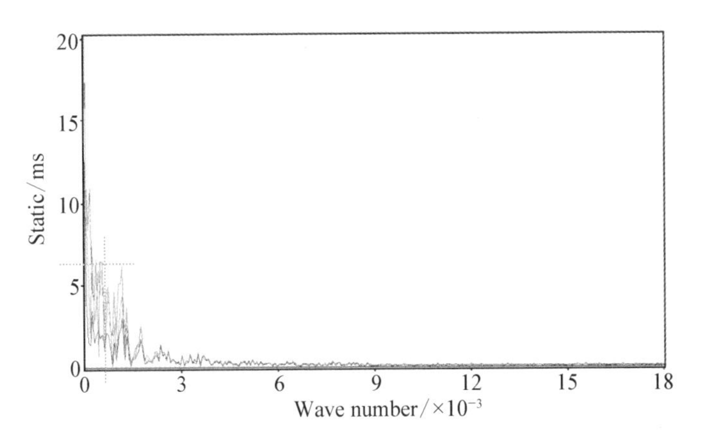

图 3－40　T_1(红线)、T_2(蓝线)、T_3(绿线)三套静校正量对应的频谱

计算得到的阀值 0.5 对应的高频基准面如图 3－38(b)红线所示。高频基准面与高频阀值有关，为了得到高频基准面与高频阀值之间的定性关系，本文同时提取了阀值分别为 1.5，2.5，4.5，8.5 的高频校正量。根据式(3－21)反推得到的 4 个高频基准面如图 3－41 所示。可见，在高频阀值较低时，该基准面一般是一条高于起伏地表的类平滑地表面。随着高频阀值增大，高频基准面的高波数成分有所增加，并且向地表靠拢。

为了对比基于不同基准面的“两步法”叠前深度偏移效果，本文设计了四个基准面，分别为底界、阀值 0.5 对应的高频基准面、最大高程处的水平基准面与平滑地表基准面。校正至不同基准面后的起伏地表叠前深度偏移成像结果如图 3－42 所示。成像采用的速度模型在底界之下

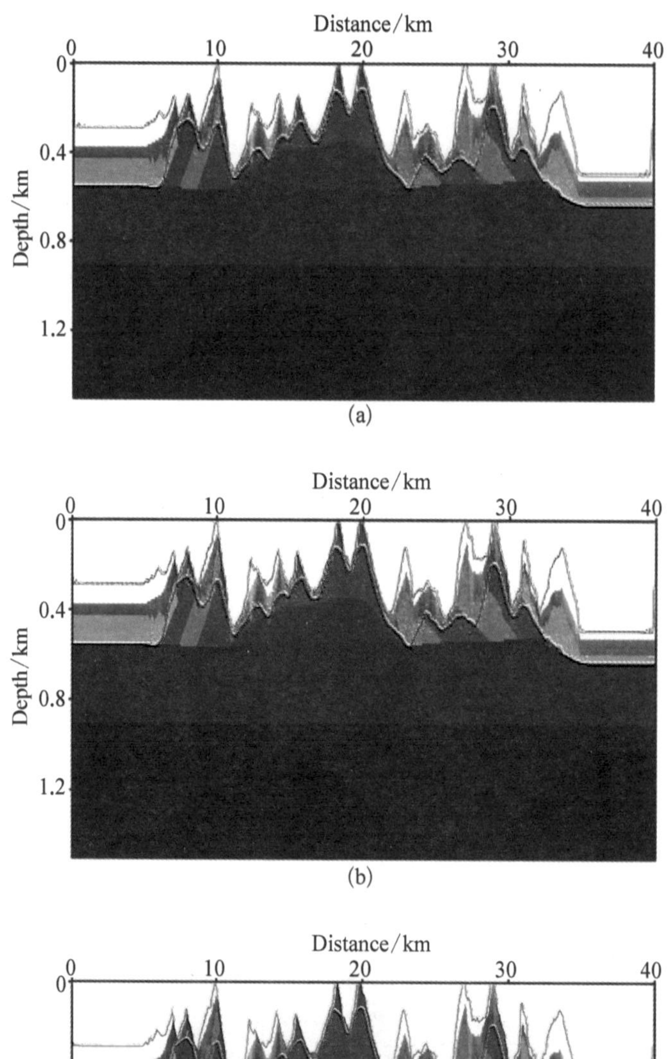
Distance/km
0
10
20
30
40
0
0.4
0.8
1.2
Depth/km
Distance/km
0
10
20
30
40
0
0.4
0.8
1.2
Depth/km

(a)

(b)

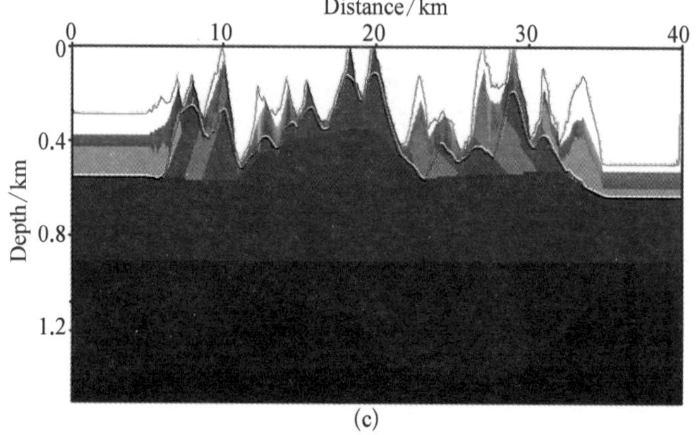
Distance/km
0
10
20
30
40
0
0.4
0.8
1.2
Depth/km

(c)

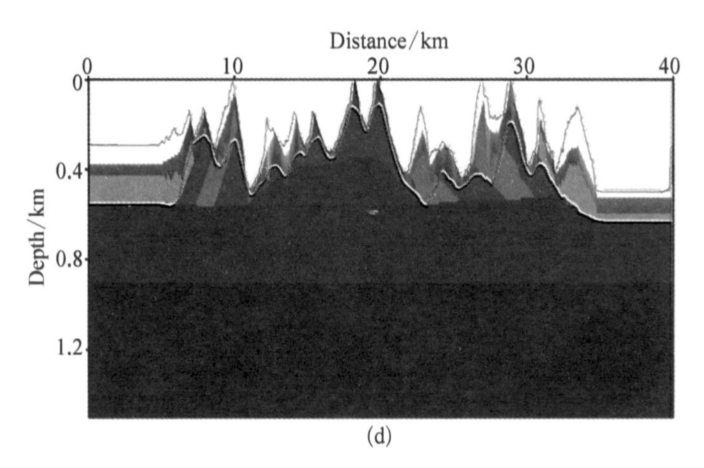

(d)

图 3-41　阀值分别为 1.5(a),2.5(b),4.5(c),8.5(d)对应的高频基准面,蓝线为平滑底界,红线为对应的高频基准面

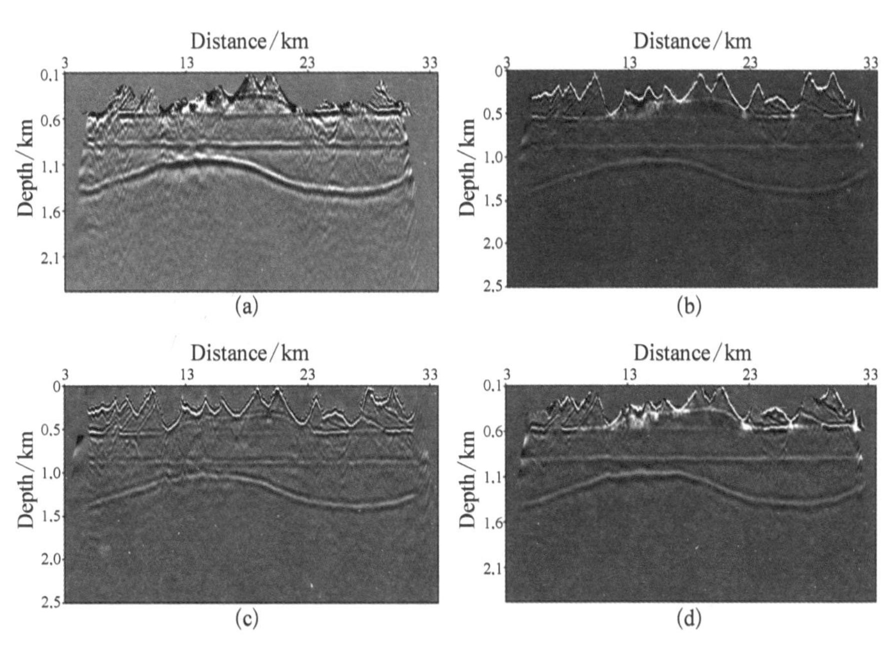

图 3-42　底界(a)、阀值 0.5 对应的高频基准面(b)、水平基准面(c)与平滑地表基准面(d)对应的"两步法"起伏地表叠前深度偏移成像结果

为真实速度,底界与基准面之间为填充速度。根据图 3-42 不难看出,高频静校正+起伏地表偏移成像的结果(图 3-42(b))明显优于其他"两步法"的偏移结果(图 3-42(a),(c),(d))。第Ⅰ层更加清楚,第Ⅱ层更加水平和连续,第Ⅲ层的弯曲形态更接近理论模型。整体上的信噪比也比较高,界面的高频抖动较少。平滑地表基准面偏移结果(图 3-42(d))略劣于高频基准面偏移结果(图 3-42(b)),但优于水平基准面(图 3-42(c))与底界(图 3-42(a))对应的偏移结果。这是因为平滑地表基准面与高频基准面比较接近,它含有正确的高频成分,同时包含较少的低频成分。

3.6.2 高频阀值的选择

既然高频基准面偏移成像效果较好,那么,高频阀值应该如何选择呢?理论上,它直接与速度分析能力有关,而速度分析能力又受成像分辨率的制约。根据马在田[84]的文献,垂向的最小成像分辨率为 $\lambda/4$,而时间域剩余曲率速度分析所使用的速度扫描公式如式(3-22)所示。可见,对于速度分析而言,理论上,只要偏移速度与真实速度存在偏离,速度扫描时距关系曲线就会有所反映。然而,由于子波的影响相邻很近的同相轴是难以区分的。正是由于拾取的这种不确定性,导致速度分析对高频静校正量不敏感。一般,两个子波的距离同样是小于 $\lambda/4$ 时,它们之间是难以区分的,如图 3-43 所示。因此,考虑到成像分辨率与拾取的不确定性,可以将高频静校正量时差定为 $T/4$。如本节第 1 部分理论模型试验中,地震波主频为 30 Hz,则高频静校正量应小于 8 ms。进而,结合传统静校正量的频谱曲线,并考虑到其单调递减趋势,就可以给出高频阀值的取值。如根据本节第 1 部分理论模型试验的第 1 套静校正量 $T1$,可以得到高频阀值近似为 0.5(图 3-40 中虚线所示)。

$$\tau_m(x)=\sqrt{\tau_m^2(0)+(\beta^2-1)\frac{x^2}{v_m^2}},\quad \beta=\frac{v_m}{v} \tag{3-22}$$

式中,τ_m 为成像点旅行时,v_m 为成像速度,v 为真实速度,x 为偏移距。

为了证明上述阀值 0.5 的有效性,本文选择了 1.5,2.5,4.5,8.5 的

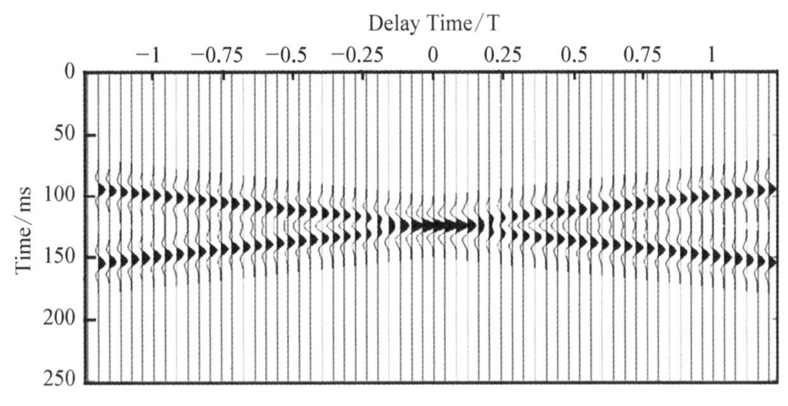

图 3－43　两个子波间距不同时差(周期)的理论合成图

高频阀值进行对比。它们对应的高频基准面(图 3－41)对应的偏移成像结果如图 3－44 所示。可以看出,不同阀值高频基准面起伏地表偏移成像结果略有不同。但阀值 0.5 的成像结果(图 3－42(b))比其他 4 个阀值对应的成像结果(图 3－44)略好,主要体现在第Ⅱ层的两端及第Ⅲ层背斜界面的平滑性上。

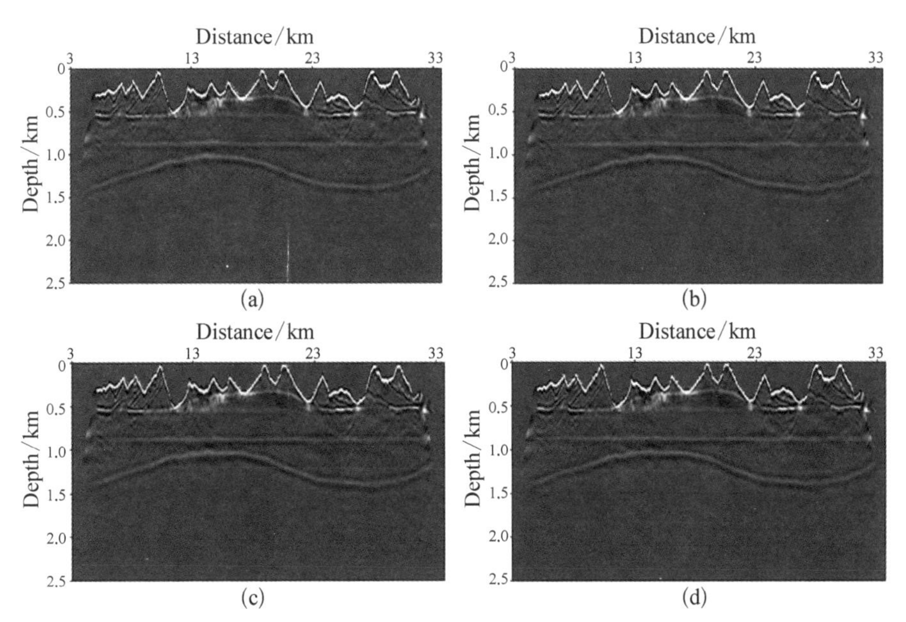

图 3－44　阀值分别为 1.5(a),2.5(b),4.5(c)与 8.5(d)的高频基准面对应的“两步法”起伏地表偏移成像结果

图 3-45 所示为一实际攻关测线传统高程静校正与本文高频静校正之后的单炮对比。由于缺乏起伏地表速度分析的技术和手段,没有像上述理论模型实验那样进行起伏地表的偏移成像处理。但从该单炮记录上也不难看出高频静校正的优势。

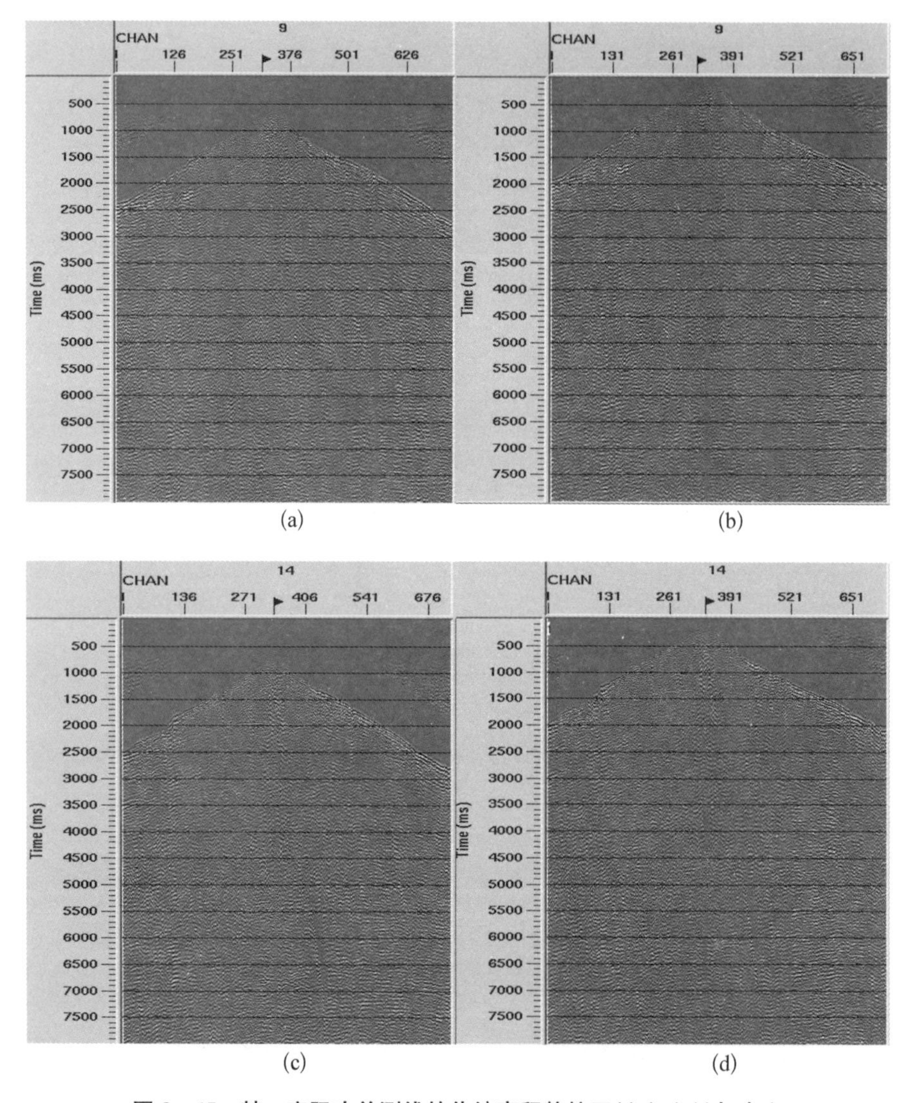

图 3-45　某一实际攻关测线的传统高程静校正((a)、(c))与本文高频静校正((b)、(d))的第 9,14 单炮记录对比

3.6.3　小结

本文提出了高频静校正方法及其基准面的确定方法。理论模型实验表明,当高频阀值较小时,高频基准面一般是一条高于起伏地表的类平滑地表面。提出的高频静校正及高频基准面在理论模型与实际数据上得到了较好的叠前处理效果。该方法提出的基本出发点是偏移速度分析对表层高频静校正量不敏感,因此,基于层析模型的静校正方法只用来做高频量校正,低频量留给速度分析完成。然而由于缺乏起伏地表速度分析的技术和手段,本文的理论模型实验部分的起伏地表偏移成像所采用的模型在底界之下是真实的模型。因此,本节第 2 部分关于高频阀值选择的实验对比不够明显。当需要的方法手段成熟时,可以重新进行实验对比。

第4章 地震层析成像在全球速度结构反演中的应用

地震层析成像是地球动力学研究的重要工具[8-13]。20 世纪 30 年代建立起来的地球主要圈层结构主要来自于地震层析成像的贡献。20 世纪 70 年代提出的板块学说更是因为有了地震层析成像提供的证据而得到了公认。早期的地震层析成像主要是利用陆上地震台站接收到的全球地震的走时信息来反演地球内部结构[3-5, 7, 139, 143]。自从板块学说得到证实以来,有限频层析成像方法及波形反演开始被大量利用来研究地球内部精细结构[137, 138],地幔对流模型及驱动力[136],地幔柱与热点[134, 135, 140, 141],洋中脊形态及物质交换过程[133],板块边界动力学过程等[142]。近年来,还有一些用微震及噪音源进行面波层析成像反演局部岩石圈特征的研究[144-149]。本章主要将论文研究的方法应用于全球内部速度结构的反演,一是为了测试研究的方法在三维情况下的实用性;二是为了说明三维菲涅尔体地震层析成像方法相对于射线层析成像方法的优越性;三是期望三维菲涅尔体地震层析成像方法的全球反演结果能够揭示新的地球内部特征。

4.1　地球内部结构概述

研究表明，地球内部明显地分层，且存在横向不均匀[150]。地球物理学家根据地震波在地球内部不同深度传播特征的变化情况，结合实验岩石学的测试资料，发现了不同的波速与密度界面。以此为基础推算了地球内部的密度分布状况，进而分析了地球内部的物理结构和物质分布的基本特征。20 世纪 70 年代后期，国际地球物理联合会提出了一个初步地球参考模型(PREM)，具体划分了地球内部三种级别的圈层(表 4－1)。

首先，可将地球划分出 3 个一级圈层，即地壳、地幔和地核，这也是地球内部最主要的物性及化学组分的分界单元。其中，地壳和地幔之间的分界面称作莫霍面，平均深度 33 km；地幔和地核之间的分界面称作古登堡面，深度 2 891 km。这两个界面上下的物质，无论在化学组成、物质状态和物理性质上，都有重大的区别(表 4－1)。根据在这些方面更细致的分异特征，可以再从整体上将地球内部划分为 7 个二级圈层，从地表向地球深部依次为 A(地壳)；B，C，D(地幔)；以及 E，F 和 G 层(地核)。进一步地，大陆地壳还可再分为上、下地壳 2 层，即 A_1 和 A_2；在地幔的 B 层中则包括 3 个三级分层：B_1，B_2(为一地震波低速层，故推断为熔融状态，故也称软流圈)和 B_3；D 层中包含着 2 个三级分层，它们依次被称作 D′层和 D″层。

20 世纪 80 年代以来，对地球内部结构的研究又有了很多新认识。比如，过去被认为它是处处连续，横向均一的莫霍面，最新的地球物理研究结果表明并非如此。莫霍面不仅存在着明显的横向不均一性，在一些地方如造山带的下面甚至有可能出现多层。更有甚者，有人还提出莫霍面是动态的概念：在造山运动后，因为地壳均衡等因素的影响，早期形成

表 4－1　地球内部主要物理性质和圈层划分表(据 PREM 改编)

圈层 名称			代号		深度/km	Vp/(km/s)	Vs/(km/s)	密度/(g/cm^3)	特征	其他	
地壳		上地壳	A	A_1	陆壳 15；洋壳 0—2	5.8	3.2	2.65	固态，陆壳区横向变化大，许多地区夹有中间低速层。	岩石圈	构造圈
地壳		下地壳	A	A_2		6.8	3.9	2.90	固态	岩石圈	构造圈
地幔	上地幔	盖层	B	B_1	33；12	8.1	4.5	3.37	固态　莫霍面	岩石圈	构造圈
地幔	上地幔	低速层	B	B_2	60～200	8.0	4.4	3.36	塑性为主	软流圈	构造圈
地幔	上地幔	均匀层	B	B_3	220	8.7	4.7	3.48	固态，波速较均匀	中间圈	
地幔	过渡层		C		400 670	9.1 10.3	4.9 5.6	3.72 3.99	固态，波速梯度大	中间圈	
地幔	下地幔		D	D′	2 891	11.7	6.5	4.73	固态，下部波速梯度大	中间圈	
地幔	下地幔		D	D″		13.7	7.3	5.55	古登堡面	中间圈	
地核	外核		E		4 771	8.0 10.0	0 0	9.90 11.87	液态	内圈	
地核	过渡层		F		5 150	10.2	0	12.06	液态，波速梯度小	内圈	
地核	内核		G		6 371	11.0 11.3	3.5 3.7	12.77 13.09	固态	内圈	

的莫霍面还有可能逸走乃至消失。与这一新的认识相联系，人们还发现大陆地壳的垂向分异程度也超出了过去的推断。根据物质组分、结构和运动规律的差异，大陆地壳更合适的划分方案应以分为上、中、下 3 层结构。此外，1999 年，美国地学家通过高精度的地球内部测深资料，研究得出了地球内核的顶层也有可能是液态的结论。如果仅就整体结构特征来看，地球的同心圈层特征和一个鸡蛋差不多(图 4－1)。地壳可以

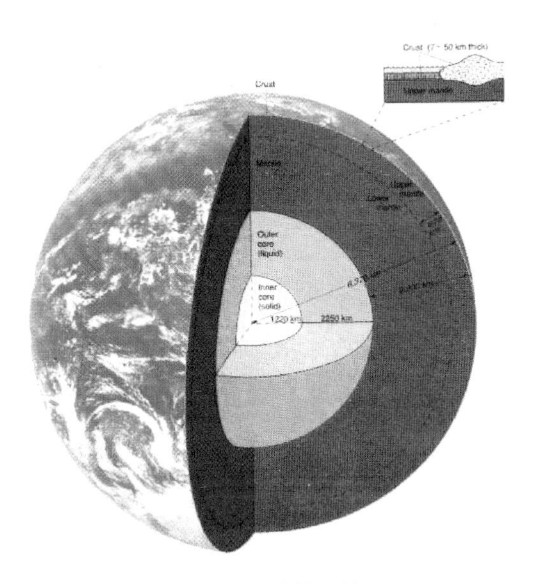

图 4-1　地球模型简图

比作蛋壳，壳下的一层薄膜类似于软流圈；地幔好比蛋白，而地心则如同蛋黄一样位居地球的中央。

4.2　理论模型实验

本文根据表 4-1 建立了地球参考模型，该模型是一个球对称模型。该模型在 y 方向上 1/4,2/4,3/4 直径处的速度切片如图 4-2 所示。从表 4-1 及图 4-2 可以看出两个特殊的现象：(1) 地幔过渡层 C 及下地幔 D 的速度很高，甚至下地幔 D 的速度比地核甚至内核 G 的速度还要高，本文将这种本身速度比上覆及下伏介质速度高的层称为中间高速层；(2) 液态外核 E 的速度比下地幔 D 及内核 G 的速度低，本文将这种本身速度比上覆及下伏介质速度低的层称为中间低速层。对于基于射线理论的地震层析成像来讲，存在中间低速层或中间高速层时，其本身或下伏构造是往往难以反演的，因为射线是沿着高速层优势采样的。

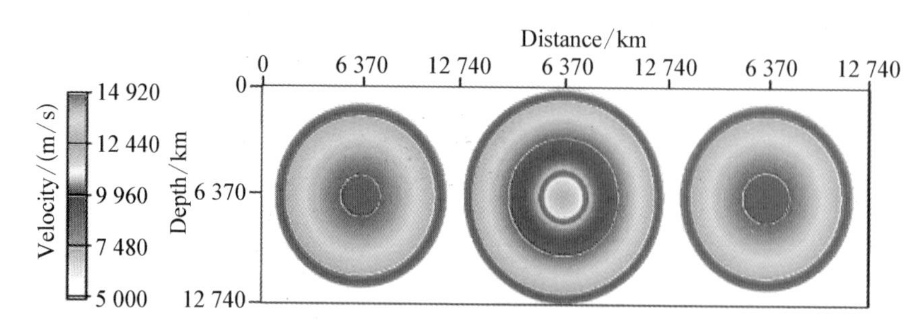

图 4-2 地球参考模型在 y 方向上 1/4,2/4 及 3/4 直径处的速度切片

为了验证三维射线及菲涅尔体地震层析成像算法的有效性,本文在图 4-2 所示理论模型表面上随机产生了 1 000 个激发点与 1 000 个接收点。激发点代表发生的地震,接收点代表地面台站,激发点与接收点分布如图 4-3 所示。采用射线追踪合成 10^6 个初至波走时数据,并将该数据作为后续理论模型反演实验的观测数据。两种层析反演方法皆采用梯度初始模型,y 方向上 1/4,2/4,3/4 直径处的速度切片如图 4-4 所示。对于三维射线层析,理论模型在 x,y,z 方向上的采样间隔分别为 80 km,80 km 和 50 km,采样点个数分别为 161,161 和 256,反演结果在 y 方向上 1/4,2/4,3/4 直径处的速度切片如图 4-5 所示。对于三维菲涅尔体层析,为了节省计算量与内存,模型在 x,y,z 方向上的采样间隔分别为 200 km,200 km 和 100 km,采样点个数分别为 65,65 和 129,反演结果在 y 方向上 1/4,2/4,3/4 直径处的速度切片如图 4-6 所示。从图 4-5 及图 4-6 可以看出,射线层析对地幔反演的比较好,这是由于高速层对射线具有屏蔽作用,使射线集中于地壳与地幔。高速层的屏蔽作用同时导致射线难以进入速度较低的地核,导致射线层析对地核的反演效果较差。菲涅尔体层析由于考虑了波的有限频特征,使得其对高速层下覆介质的反演效果也比较好,如本实验中地核速度的反演结果明显优于射线层析的反演结果。但上地幔及核幔边界反演效果不如射线层析反演结果,这可能是由模型的离散程度比较粗糙造成的。另外需要说明

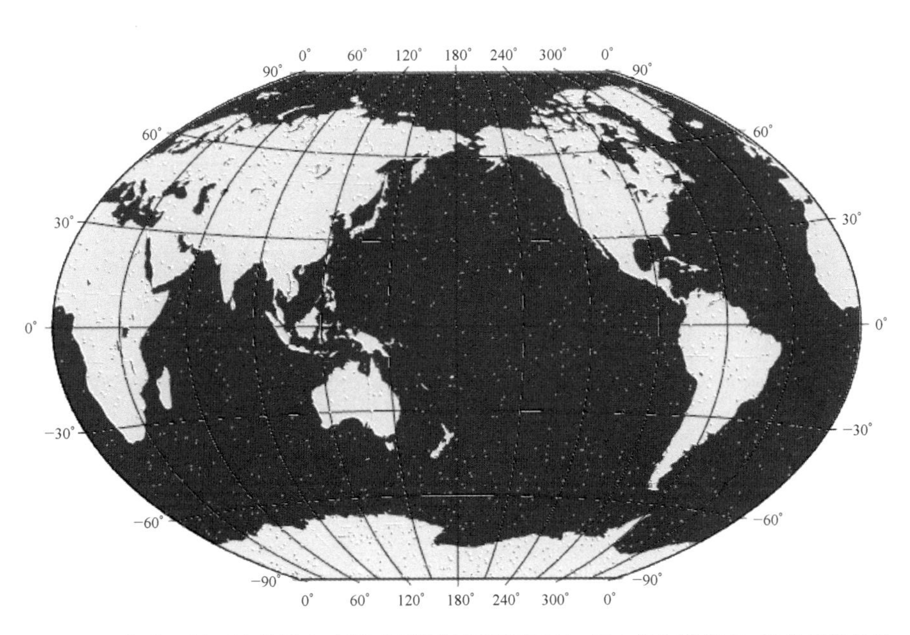

图 4－3　全球层析理论模型实验所采用的随机观测系统，红点代表激发点，绿点代表台站

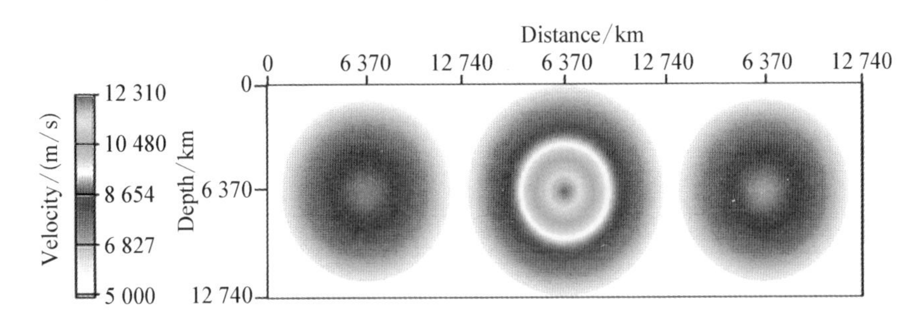

图 4－4　理论模型层析实验的初始模型在 y 方向上 1/4，2/4，3/4 直径处的速度切片

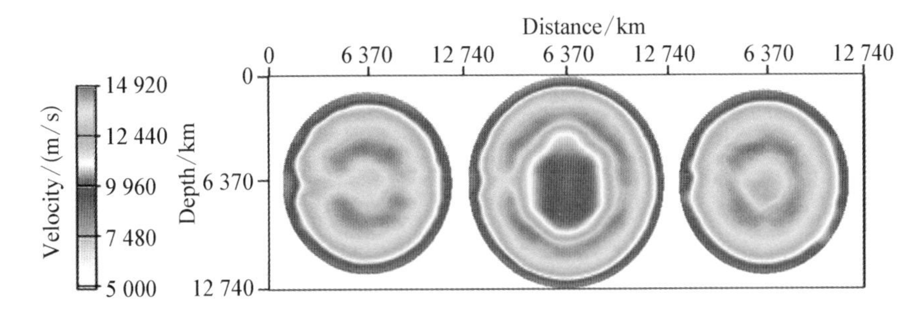

图 4－5　理论地球参考模型的射线层析反演结果在 y 方向上 1/4，2/4，3/4 直径处的速度切片

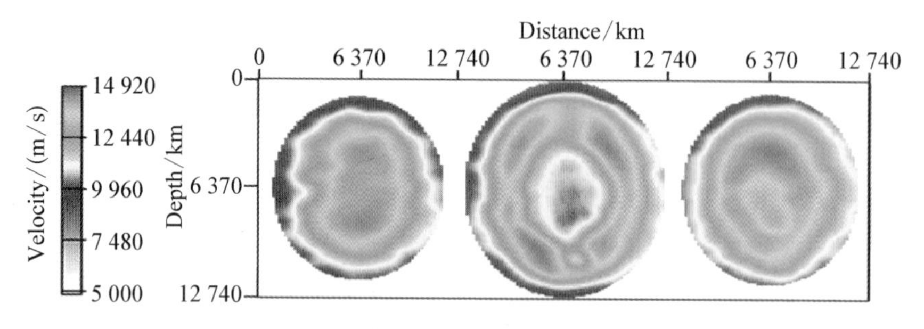

图 4-6 理论地球参考模型的菲涅尔体层析反演结果在 y 方向上 1/4,2/4,3/4 直径处的速度切片

的是,由于模型离散比较粗糙,理论模型上无法表现出超薄的地壳,因此反演结果根本看不到壳幔边界——莫霍面。

4.3 全球速度结构反演与解释

本文从国际地震中心(International Seismological Centre)下载了1990—2007年共18年间全球发生的所有观测到的地震数据,并从中整理出3 419次震级在5.5级以上1 411 695台站次地震记录中的初至P波到达时。原始数据格式如图4-7所示,震源及接收台站的分布如图4-8所示。基于这些数据,本文应用两种三维地震层析成像方法进行了全球速度结构初步反演。反演所采用的初始模型仍为图4-4所示的梯度初始模型。为了节省计算量与内存,模型在 x,y,z 方向上的采样间隔分别为200 km,200 km和100 km,采样点个数分别为65,65和129。全球射线层析反演结果在 y 方向上1/4,2/4,3/4直径处的速度切片如图4-9所示,全球菲涅尔体层析反演结果在 y 方向上1/4,2/4,3/4直径处的速度切片如图4-10所示。需要说明的是,本实验中三维模型与地理坐标的对应方式为上北下南、左西右东。即模型最左经线为地理东经零线，向右为地理东经经度增加方向，最右经线为地理西经零线。因此，$y=0$ 的切片对应东经 90°线。这与传统的地球动力学研究习惯相符。

```
 17818 BEQMd  37.6 103.6  45.3 1990  1  2 1 20 21 33.88  76.643 144.482 136.0
 5.6 0.0  332  305      RAB     94.165 152.163  0.185  19.110 155.971
i P         0   0   0      10.8508  19.110 155.971  455.9          0.000   0.00
0   0.000  0.000   0.00   0.00            250.12 -1     252.24  -2.13         0.03
 0.00   0.24  -2.40 0 0.42       20.558     277.76        19.090  -3.40
 17818 BEQMd  37.6 103.6  45.3 1990  1  2 1 20 21 33.88  76.643 144.482 136.0
 5.6 0.0  332  305      DAV     82.977 125.579  0.146  19.641 253.055
 P          0   0 101      10.8000  19.641 253.055  464.9          0.000   0.00
0   0.000  0.000   0.00   0.00            260.12  0     257.99   2.12         0.02
 0.00   0.28   1.83 0 0.44       21.072     287.55        19.560   1.60
 17818 BEQMd  37.6 103.6  45.3 1990  1  2 1 20 21 33.88  76.643 144.482 136.0
 5.6 0.0  332  305      LAT     96.621 147.002  0.072  20.135 172.710
e P         0   0   0      10.7487  20.135 172.710  474.1          0.000   0.00
0   0.000  0.000   0.00   0.00            265.62 -1     263.31   2.31         0.01
 0.00   0.24   2.05 0 0.45       21.548     292.92        20.130   1.30
```

图 4-7　ISC 给出的 1990 年三个地震台站接收到的一次地震记录，红框分别表示震级、震相与该震相对应的走时

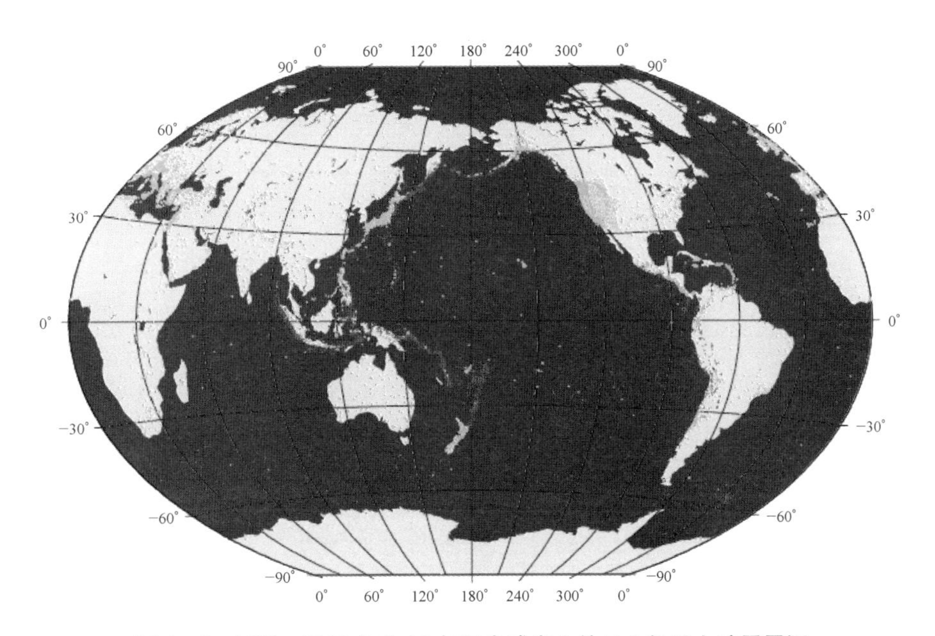

图 4-8　1990—2007 年共 18 年间全球发生的 5.5 级以上地震震源分布情况(红点)与全球地震台站分布情况(绿点)

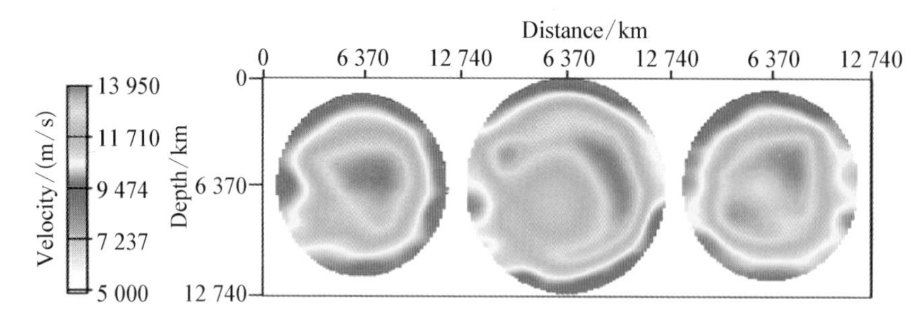

图 4-9　根据 ISC 初至 P 波数据得到的全球射线层析反演结果在 y 方向上 1/4,2/4,3/4 直径处的速度切片

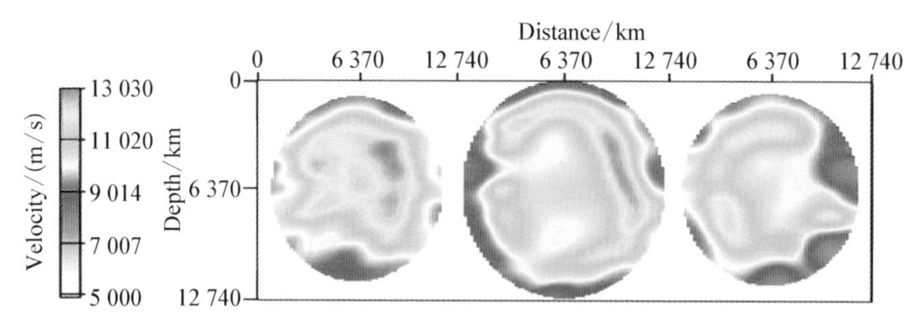

图 4-10　根据 ISC 初至 P 波数据得到的全球菲涅尔体层析反演结果在 y 方向上 1/4,2/4,3/4 直径处的速度切片

从图 4-9 可以看出上地幔(红色)、过渡层(绿色)与下地幔(蓝色)的明显分界,地幔较连续。地核在 2/4 切片与 3/4 切片处有所反映,但核幔边界位置与 PREM 参考模型有较大的偏差,且 2/4 切片上内外核无法区分;从图 4-10 可以看出上地幔(红色)、过渡层(绿色)与下地幔(蓝色)的明显分界,且地幔存在强的横向不均匀性[150]。三个切片上都可以分辨出地核,且 2/4 切片上可以分辨率内(绿色)外(黄色)核,1/4 切片上外核速度偏高;另外,图 4-9 与图 4-10 都表明,在地球高纬地区地幔介质比较连续,而低纬地区地幔介质比较离散。下地幔无论在空间分布上还是速度大小上都存在更强的不均匀性。东西半球地幔总体分布似乎不对称。

图 4-11 和图 4-12 分别为本文三维全球射线层析反演结果与三维全球菲涅尔体层析反演结果在不同深度处的速度结构。从中可以明显

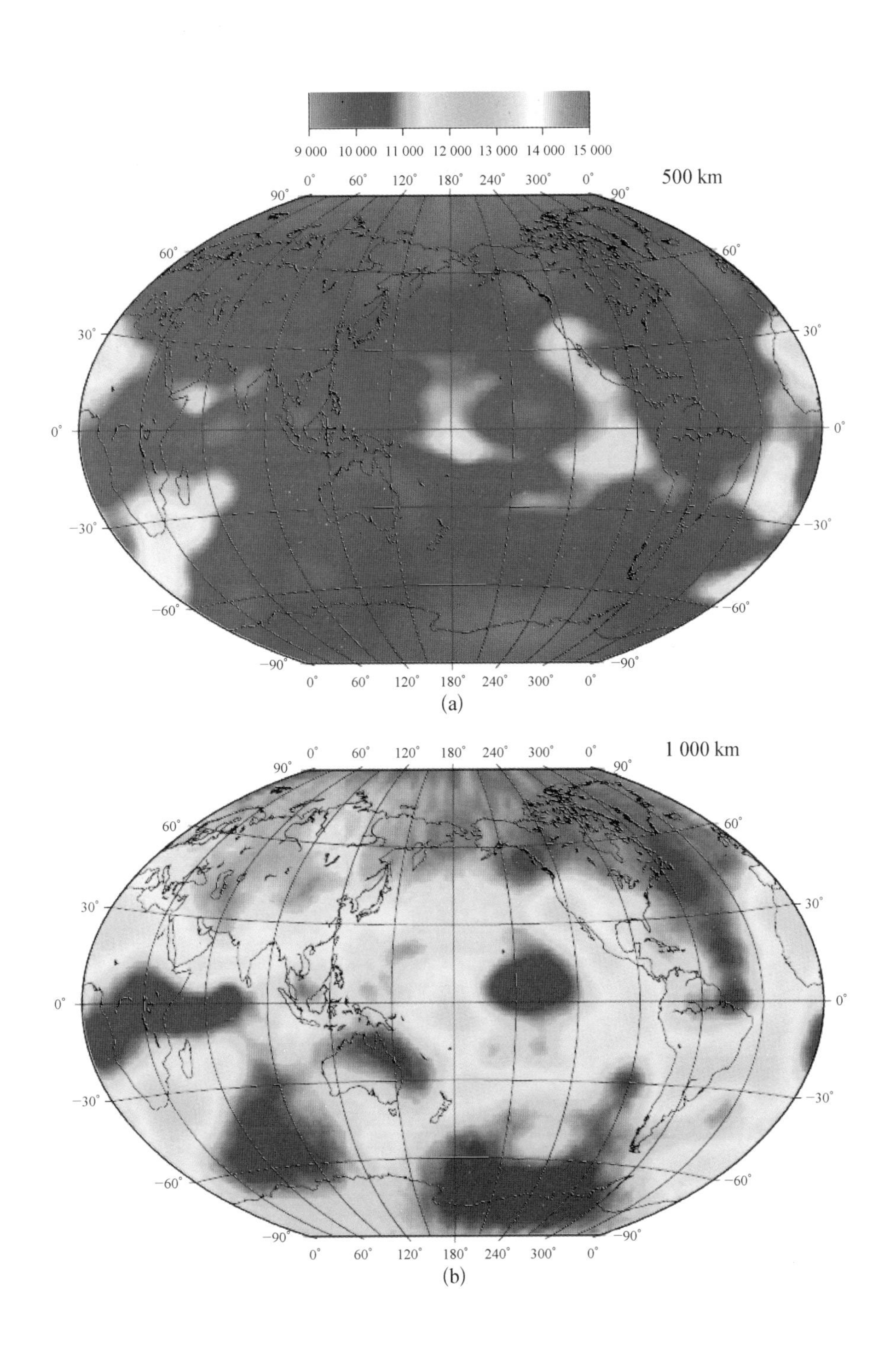
9 000
10 000
11 000
12 000
13 000
14 000
15 000
500 km
0°
60°
120°
180°
240°
300°
0°
90°
60°
30°
0°
−30°
−60°
−90°
1 000 km

(a)

(b)

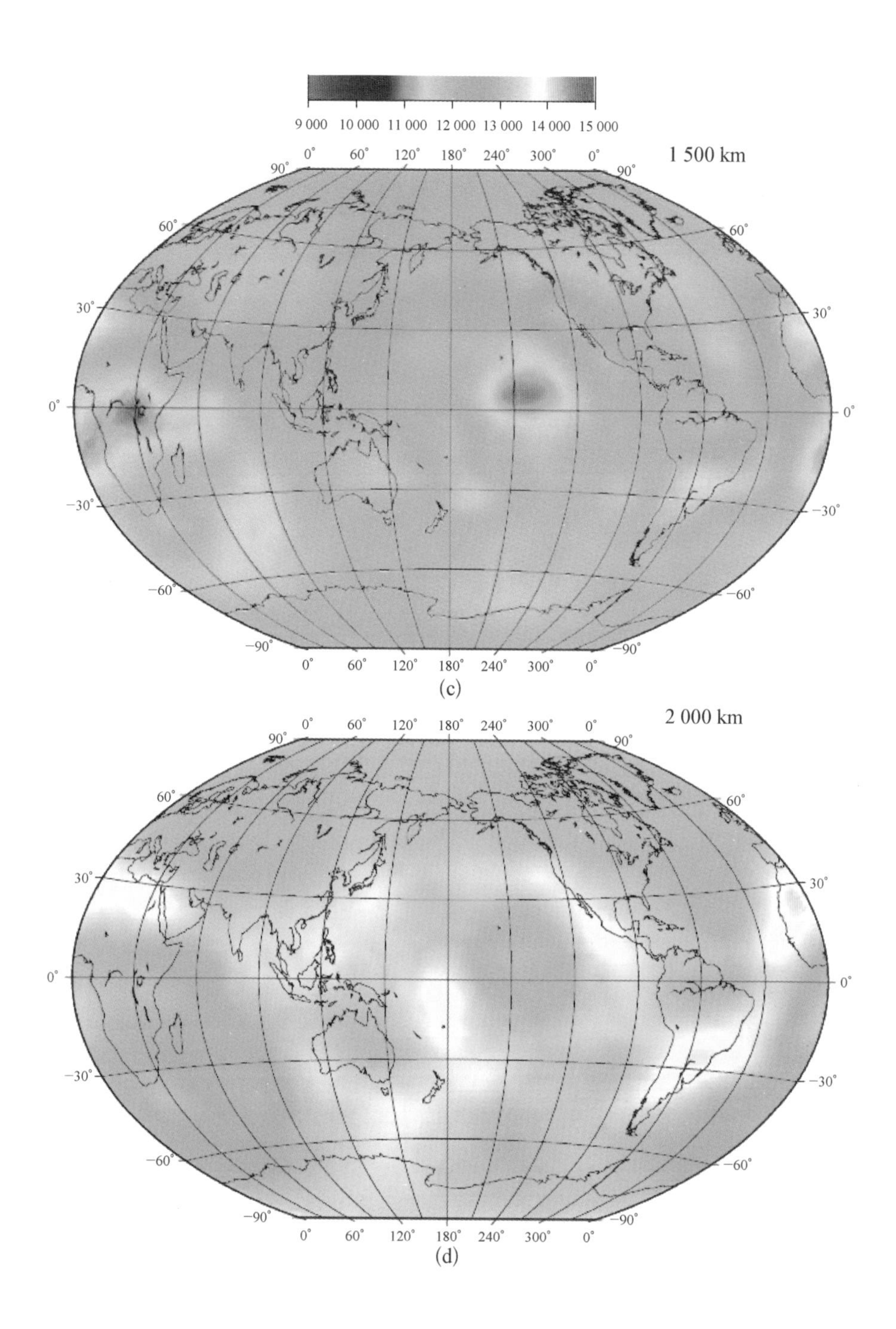
9 000
10 000
11 000
12 000
13 000
14 000
15 000
1 500 km
0°
60°
120°
180°
240°
300°
90°
60°
30°
-30°
-60°
-90°
2 000 km

(c)

(d)

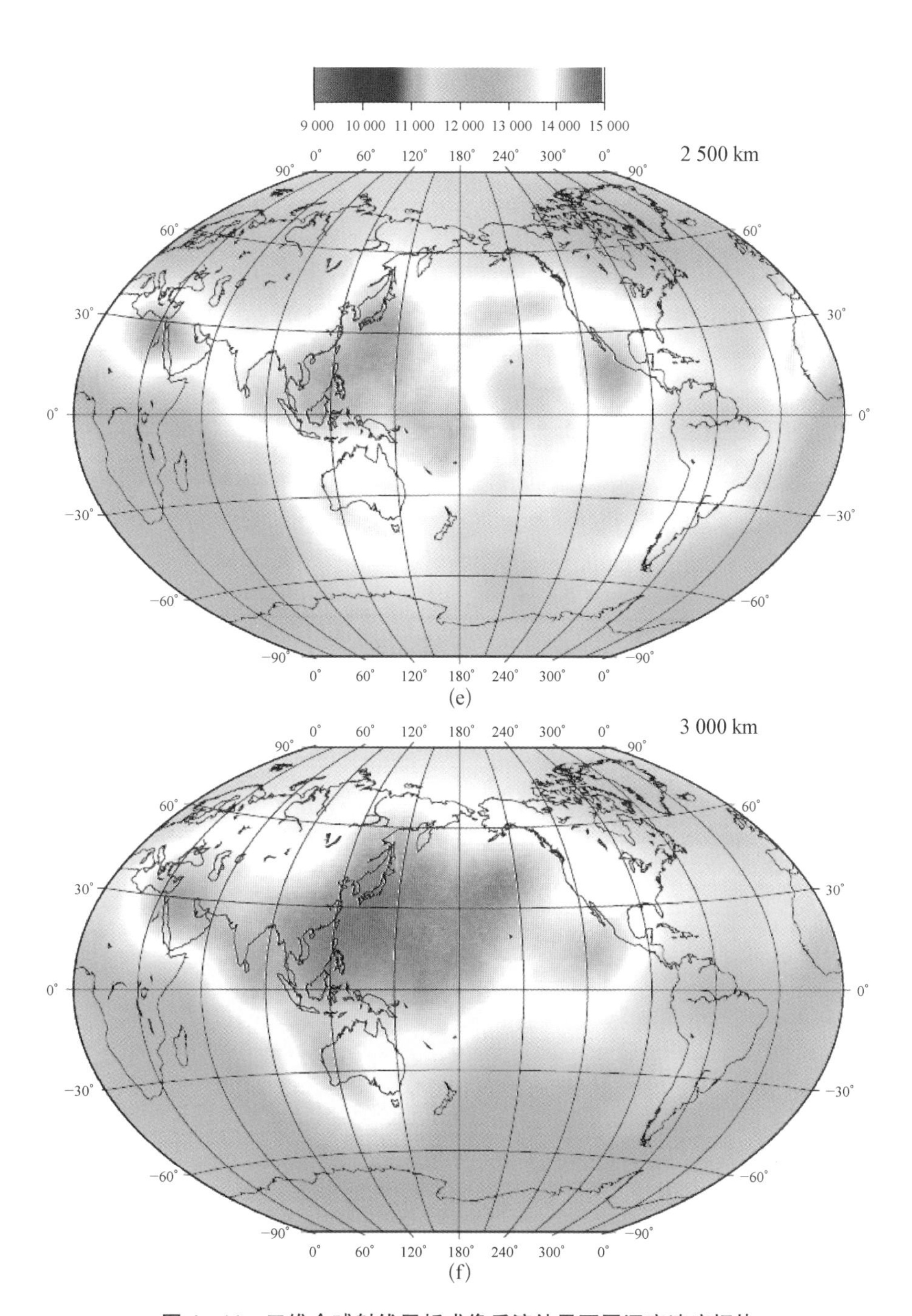

图 4-11　三维全球射线层析成像反演结果不同深度速度切片

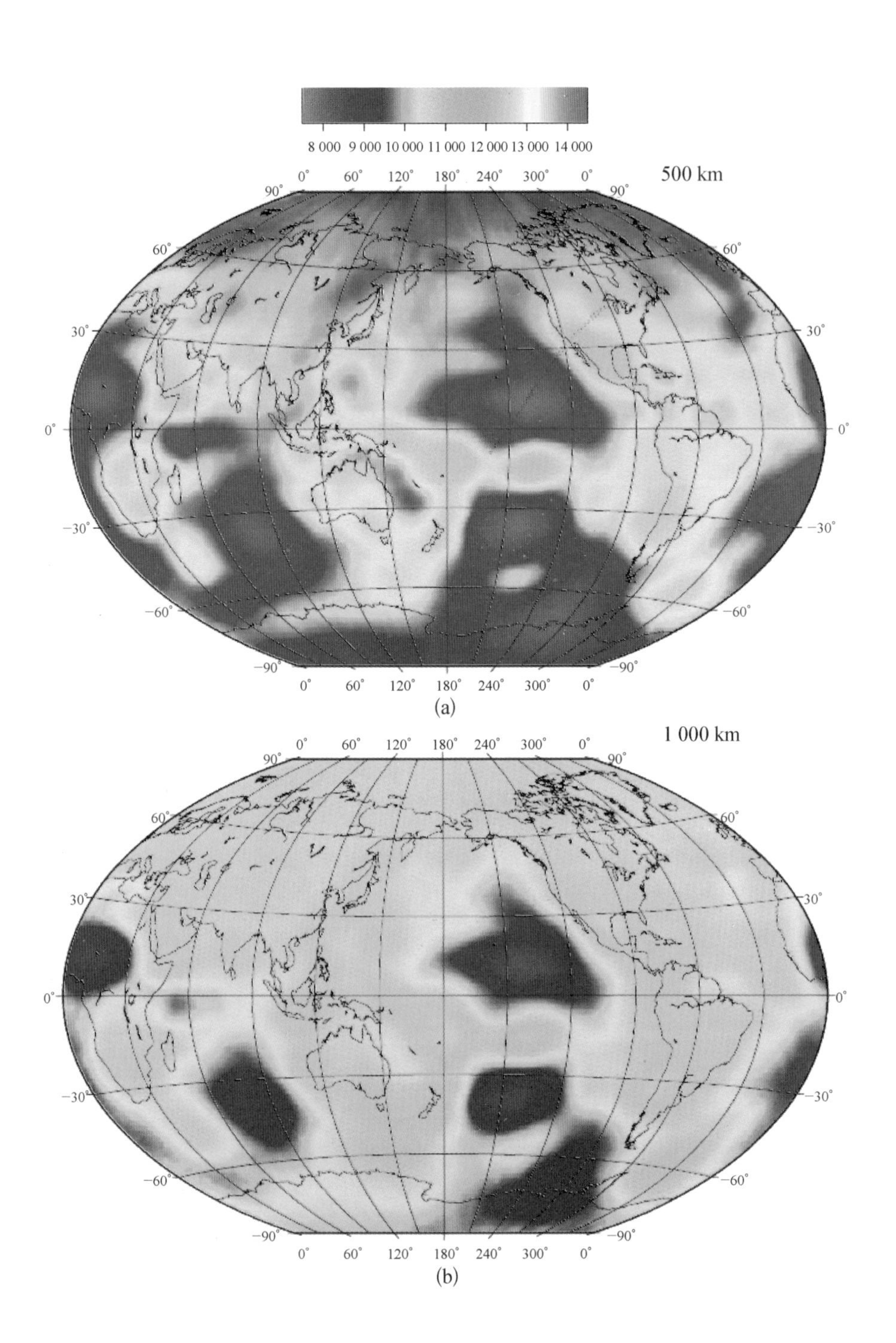
8 000
9 000
10 000
11 000
12 000
13 000
14 000
500 km
0°
60°
120°
180°
240°
300°
90°
60°
30°
0°
−30°
−60°
−90°
(a)
1 000 km
(b)

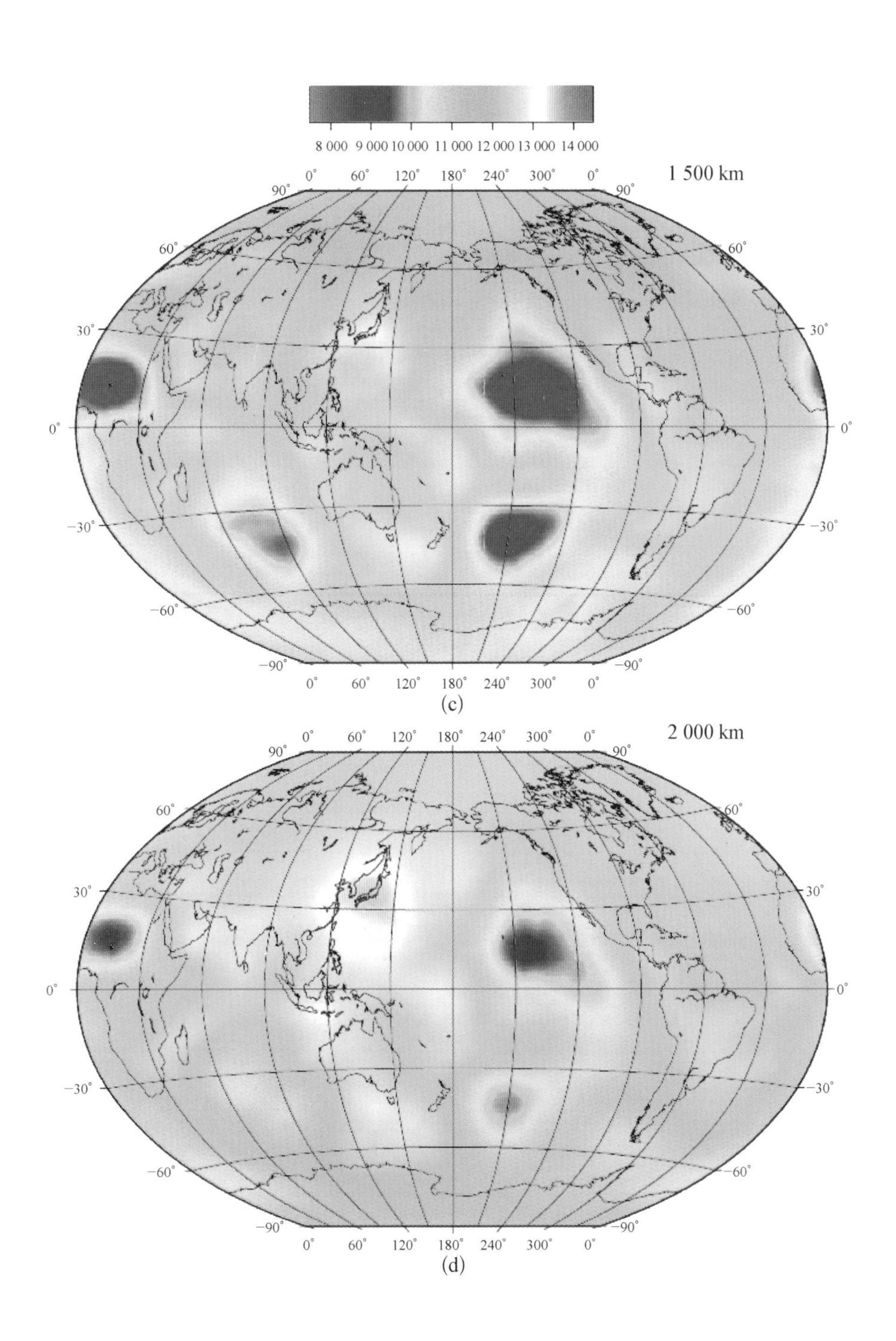
8 000 9 000 10 000 11 000 12 000 13 000 14 000
1 500 km
0° 60° 120° 180° 240° 300° 0°
90° 60° 30° 0° −30° −60° −90°
2 000 km

(c)

(d)

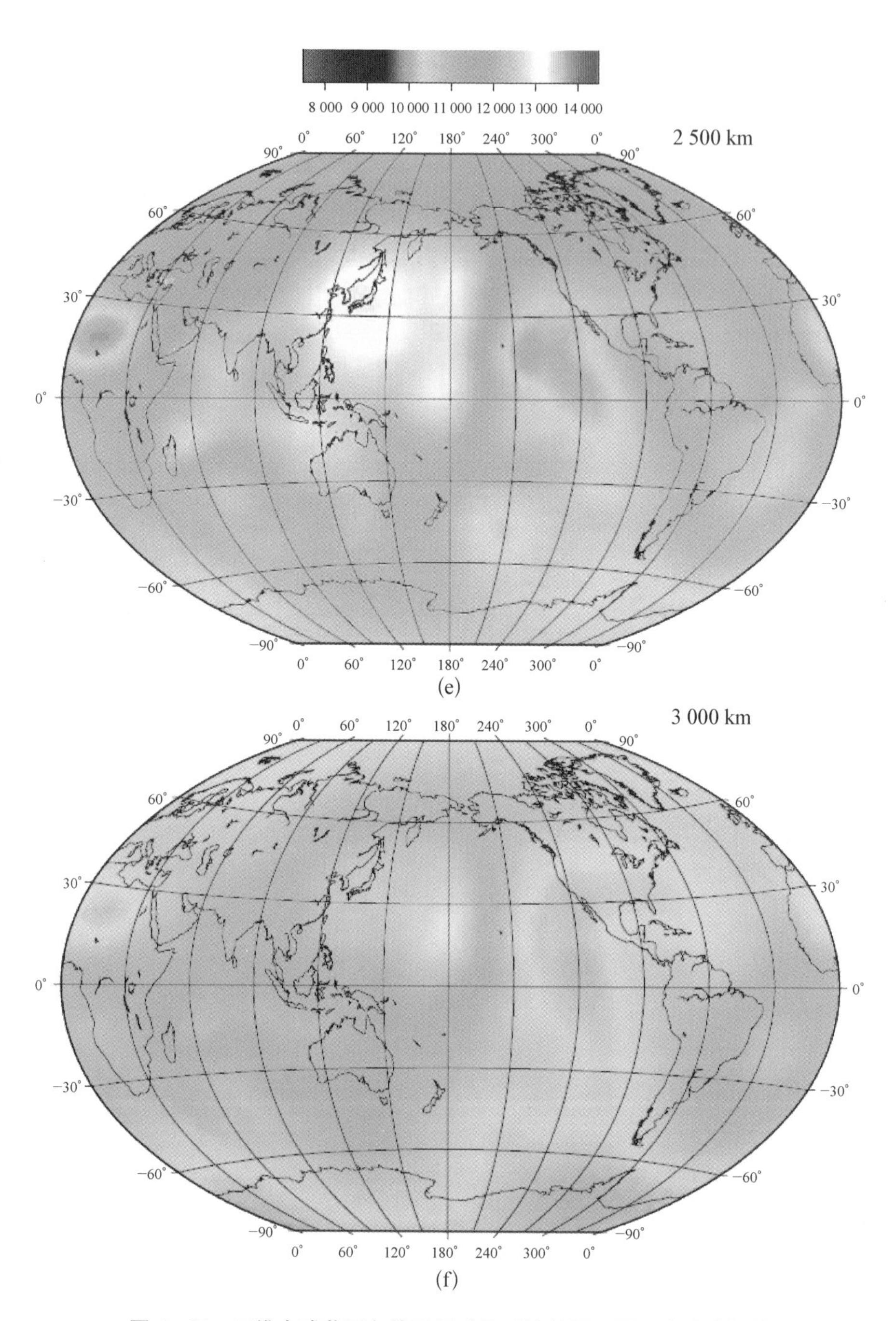

图 4-12　三维全球菲涅尔体层析成像反演结果不同深度速度切片

地看出 0～30 经度、0 纬度附近的非洲超级地幔柱与 210 经度、0 纬度附近的太平洋超级地幔柱。同时还可以看到，受俯冲板块的影响，板块边界附近存在高速异常。图 4-13 所示为 Vincent 等[141]利用横波层析成像方法给出的不同深度处地幔层析反演结果，图中总结了 49 处全球热点分布，包括这两个超级地幔柱。Vincent 等[141]同时给出了地球内部动力过程结构简图，图中包含了地球动力学的主要特征，其中也特别包括了这两个对称的超级地幔柱。Montelli 等[134]利用有限频走时地震层析成像方法总结了 32 个全球热点分布。图 4-14 所示为 Montelli 等[134]给出的全球地幔在 1 000 km 深度范围内的平均速度异常分布，这两个地幔柱同样清晰可见。这说明本文研究的方法是有效的。对比射线层析的反演结果(图 4-11)与菲涅尔体层析的反演结果(图 4-12)可以发现，图 4-12 中这两个地幔柱在每一个深度上都很明显，即深度上更加连续，且更加集中。这进一步说明了菲涅尔体层析方法相对于传统的射线层析方法具有更高的反演分辨率。同时，从图 4-12 上可以发现另外两个比较大的地幔柱，一个是位于东经 75°、南纬 45°附近的印度洋地幔柱(应该即为 Montelli 等[134]的 Louisville 地幔柱，简记为 LS)，另一个是位于西经 150°、南纬 45°附近的南太平洋地幔柱(应该即为 Montelli 等[134]的 East Australian 地幔柱，简记为 EA)。LS 地幔柱与 EA 地幔柱的深度约 2 000 km，与 Montelli 等[134]不尽相同。

为了进一步说明本文方法的有效性，并对两种反演方法进行比较，本文在两种层析方法反演结果的基础上抽取了(200°，−10°)与(270°，45°)之间(图 4-12 中 500 km 切片图中虚线所示)的垂向速度剖面。根据以上解释，该切片横跨了太平洋超级地幔柱与东太平洋俯冲带。图 4-15 为全球射线层析反演结果(图 4-9、图 4-11)2 000 km 深度范围内的垂向速度剖面。图 4-16 为全球菲涅尔体层析反演结果(图 4-10、图 4-12)2 000 km 深度范围内的垂向速度剖面。图 4-15 中可以分辨出低速的太平洋超级

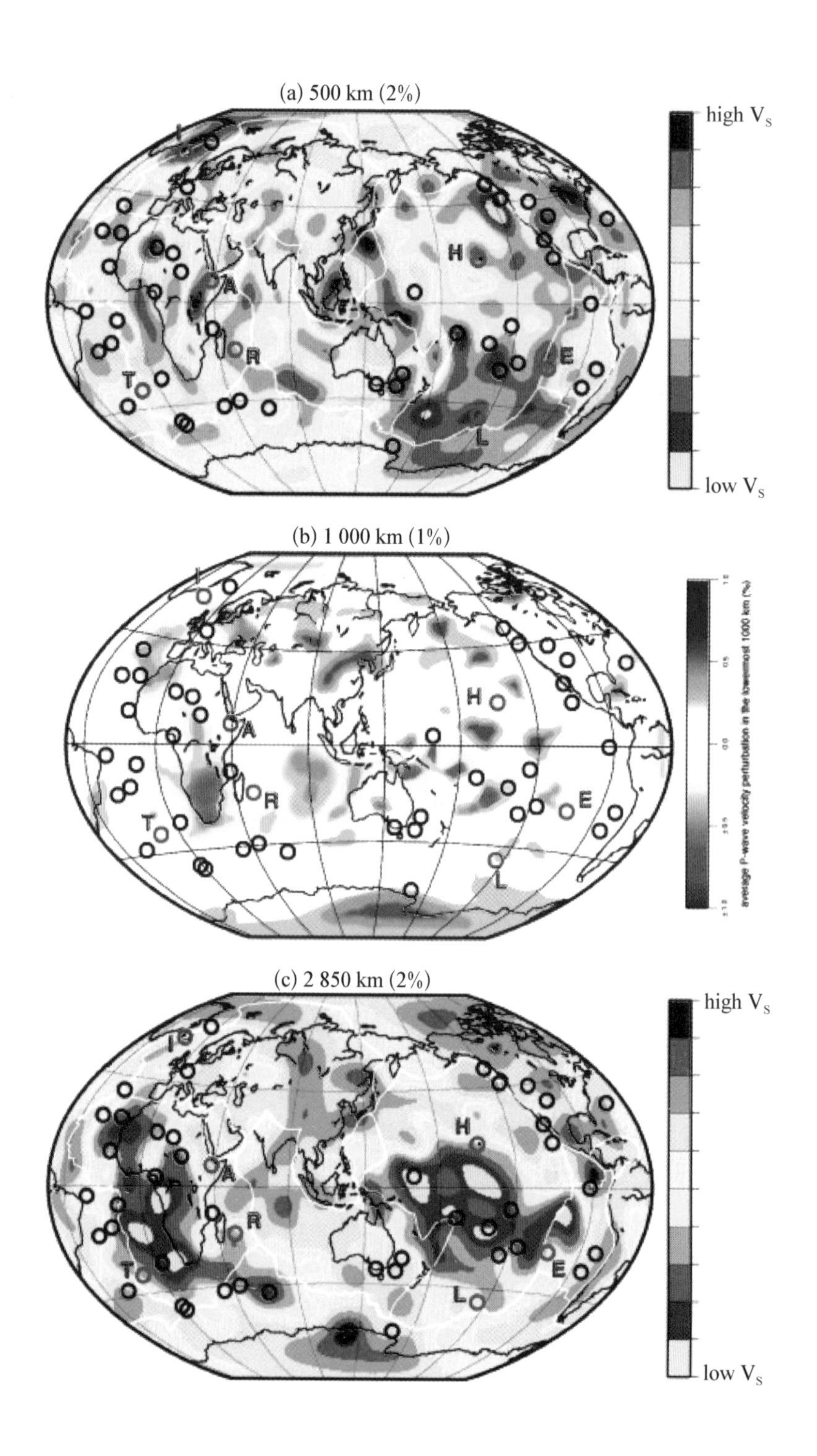
(a) 500 km (2%)
high V_S
low V_S
H
A
R
T
E
L
(b) 1 000 km (1%)
H
A
R
T
E
L
(c) 2 850 km (2%)
high V_S
low V_S
I
H
A
R
T
E
L

(d)

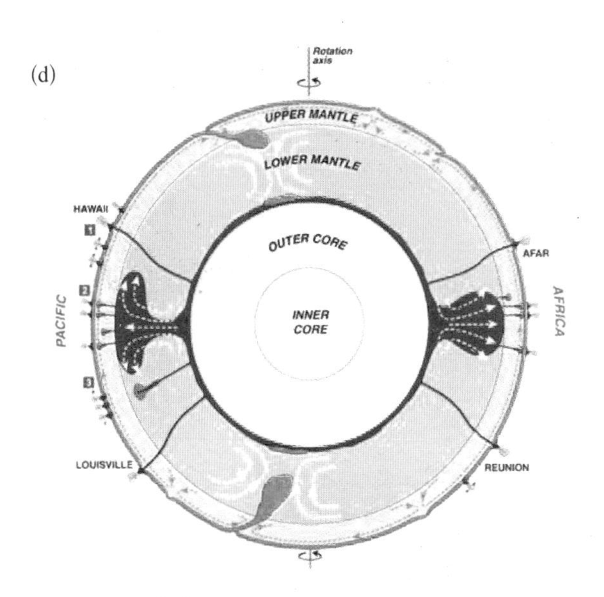

图 4-13　Vincent 等[141]给出的(a) 500 km、(b) 1 000 km、(c) 2 850 km 深度处的全球层析反演结果与(d) 地球内部动力学结构简图

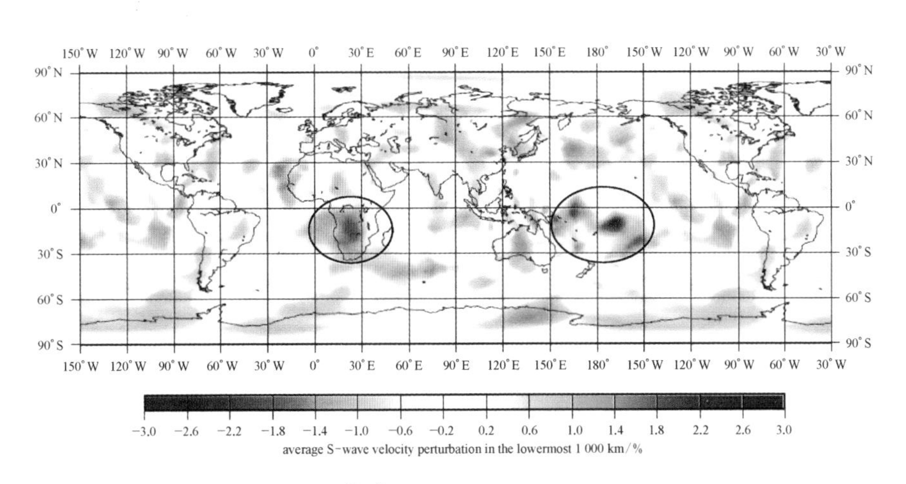

图 4-14　Montelli 等[134]给出的全球层析地幔平均速度反演结果

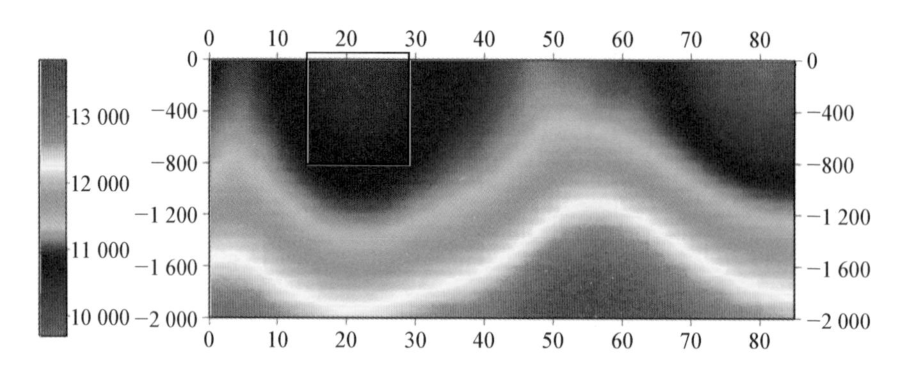

图 4-15　全球射线层析反演结果(图 4-9、图 4-11)(200°,−10°)与(270°,45°)之间(图4-12 中 500 km切片图中虚线所示)2 000 km 深度范围内的垂直速度切片

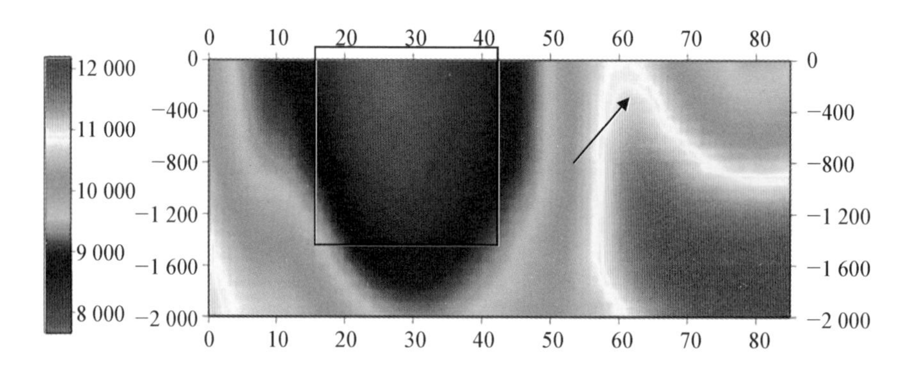

图 4-16　全球菲涅尔体层析反演结果(图 4-10、图 4-12)(200°,−10°)与(270°,45°)之间(图 4-12 中 500 km 切片图中虚线所示)2 000 km 深度范围内的垂直速度切片

地幔柱,但高速东太平洋俯冲带基本分辨不出来。图 4-16 中可以分辨出低速的太平洋超级地幔柱,且分辨率优于图 4-15,深度更加准确(据 Montelli 等[134])。同时,可以分辨出高速东太平洋俯冲带(见图中标记处)。另外,从两种层析成像方法反演得到的深度剖面图(图 4-11、图 4-12)上同样可以看到沿着俯冲板块边界的高速异常分布,它们一直延伸到 2 500～3 000 km,即达到了核幔边界,这与 Montelli 等[134]的资料相符。

4.4 小　　结

本章的三维层析成像理论模型反演实验证实了本文研究并开发的三维射线层析及三维菲涅尔体层析成像方法的有效性,同时证实了菲涅尔体地震层析成像理论及方法的优越性。根据实际地震数据成功应用两种方法反演得到了三维全球速度结构,并成功解释了地球的主要分层结构,证实了非洲超级地幔柱与太平洋超级地幔柱的存在,地幔物质的横向不均匀性等。同时提出了地幔物质在高纬度较连续,在低纬度较离散,东西半球地幔总体分布不对称,南印度洋与南太平洋也存在两个较大的地幔柱等现象。

但从理论模型实验反演结果可以看出,无论是射线层析还是菲涅尔体层析,反演结果都存在一定的不确定性,这一点在本文的其他章节中已反复提及。同时,受内存与计算量的限制,目前给出的反演结果模型剖分比较粗糙,因此,上述结论有待进一步验证。尤其是三维菲涅尔体层析,计算量太大,目前还无法得到更加精细的全球速度结构,相信随着算法优化与计算能力的提高,这一目标会很快地被实现。

第5章 结论与展望

5.1 结　　论

本书的结论在每一节的正文或小结中都进行了详细的论述，为避免篇幅过长和累赘，本节只对研究中所取得的重要结论进行总结。

通过第一部分对菲涅尔体地震层析成像理论与方法的研究，取得了如下结论：

(1) 根据地震波传播的有限频理论，对于某个特定震相的观测信息，不仅射线路径上的点对该信息具有影响，射线领域上的其他点对接收信息也具有影响，这种影响可以用核函数来表达。不同维度振幅、走时单频与带限菲涅尔体的空间分布范围与分布特征是不同的。尤其是在理论上导出，并不是任何情况下菲涅尔体的空间分布范围都等于$T/2$，二维振幅、三维振幅、二维走时、三维走时菲涅尔体的空间分布范围分别为$T/8$，$2T/8$，$3T/8$与$4T/8$。带限菲涅尔体的空间分布范围可以近似利用主频菲涅尔体的分布范围进行约束。传统射线层析之所以能够在以往的应用中取得成功是因为传统射线层析成像方法是菲涅尔体地震层析成像方法频率趋向于无穷时的特例。将本书的走时菲涅尔体层析成像理论应用于表层速度结构反演中，理论模型试验与实际资料处理结果表明，透射波菲涅尔体地震层析成像方法比传统的初至波射线层析成像理论具有更高的反演精度；

(2) 为了进行反射菲涅尔体地震层析成像，可以将反射波分解为上行与下行两个透射波来处理，这样反射菲涅尔体地震层析成像就可以利用透射菲涅尔体层析成像的理论基础。但由于反射界面的影响，反射波菲涅尔体边界的确定方法及层析核函数的计算方法需要特殊考虑。同样是由于反射界面的影响，反射菲涅尔体在具有透射菲涅尔体的特征外，同时还受下伏界面的影响。理论模型试验表明，与传统反射射线层析成像相比，反射菲涅尔体走时层析成像能够有效提高反演的纵向分辨率与精度；

(3) 波前弥合为能够接收到连续的有效信号提供了保障，为反演得到介质的背景场信息提供了基础。但它同时也会导致地震信息的错误拾取，进而影响高频信息的准确反演。通过对绕射波与透射波波前能量的定量对比，本书得出走时射线层析只能准确反演高速异常体，走时菲涅尔体层析只能准确反演大尺度异常体，低速小尺度异常体无法用基于射线或有限频理论的走时层析成像方法反演出来。该结论在理论模型上得到了验证。本文同时对散射现象给出了解释，即地震波在低速异常体中反复震荡，震荡过程中不断散射能量，在传播方向与负传播方向上表现为两个次级源激发。当异常体很小时，前后激发的波前面重合，异常体表现为一个单一的次级源，形成散射；

(4) 计算非均匀介质情况下的地震层析成像分辨率，需要考虑射线(菲涅尔体)的覆盖密度与覆盖角度。地表观测系统的分辨率规律与井间观测系统的分辨率规律不尽相同。分辨率的研究对地震层析成像本身有重要的指导作用，同时对观测系统优化也有一定的指导作用；

(5) 格林函数的准确计算是菲涅尔体地震层析成像成功的关键。

本书提出的采用高斯束近似计算傍轴格林函数的动力学射线追踪方法，弥补了目前动力学射线追踪只能计算射线路径上格林函数的缺点。基于动力学射线追踪的菲涅尔体层析成像方法在理论模型实验中的成功应用也证实了该方法的有效性。

本书的应用研究取得了以下结论：

(1) 地震层析成像对初始模型有严重的依赖性。为了得到好的稳定的层析反演结果，初始模型应尽可能多地、准确地包含中、长波长的地质扰动信息，尽量少包含高波数地质扰动信息。基于此，书中提出了基于先验模型的层析初始模型建立方法，并在理论模型上对其进行了验证；

(2) 正则化是缓解地震层析成像多解性及不稳定性的有效手段，也是增强对先验信息有效利用的重要方式。不同种类的先验信息应该采用不同的正则化方法，本书针对难以利用的不等式约束先验信息提出了罚函数正则化方法，理论模型实验及实际资料处理证实了方法的有效性；

(3) 不同偏移距数据对表层不同深度层析反演精度的影响是不同的，近偏移距初至数据对表层反演精度的影响要大于远偏移距数据。因此，本书提出先进行大偏移距范围的层析反演，在此基础上再进行小偏移距范围的层析反演。考虑到多偏移距范围反演策略实质上是对数据的一种加权实现，因此本书进一步提出了偏移距加权作为协方差矩阵的初至层析成像方法。该方法在理论模型实验与实际资料处理中得到了验证；

(4) 速度与深度的耦合一直是反射层析中的主要问题。在地下反射界面比较平缓的情况下，结合零偏(近偏)剖面可以实现速度、深度交替迭代逐层反演的反射层析策略。理论模型实验证实了该策略的有效性；

(5) 为了利用更多的观测数据反演表层速度结构，初至与浅层反射信息可以联合利用。初至数据与反射数据的射线路径物理分布性质不同导致初至与反射层析不能“并联”进行。但反射、初至“串联”的联合层析反演策略可以实现多信息的有效利用，理论模型试验与实际资料处理证实了该策略的有效性；

(6) 静校正量包含低频分量与高频分量，低频分量来源于介质与起伏地表的低波数扰动，高频分量来源于介质与起伏地表的高波数扰动。低频分量的静校正量一般比较大，高频分量的静校正量一般比较小。静校正误差随静校正量的增加而增加。受偏移成像分辨率与人工拾取的影响，偏移速度分析对高频校正量不敏感，而对低频校正量敏感。因此，基于高精度浅层层析结果校正数据的高频成分，将数据校正至一平滑起伏基准面，再在此面上进行起伏地表的速度分析与偏移成像的策略是合适的。其中，高频阀值可以参考静校正量振幅谱选择，其对应的静校正量应为 $T/4$；

(7) 研究的三维射线层析成像方法与三维菲涅尔体地震层析成像方法可以成功应用于全球速度结构反演。全球层析成像结果成功揭示了共识的地球内部结构特征，同时揭示了一些新的特征。该应用同时证实了菲涅尔体层析成像方法相对于射线层析成像方法的优势。

5.2 创新点

本书最重要的创新有两点：一是对有限频层析核函数进行了详细的分析，从反演的角度对菲涅尔体进行了重新定义，进而对菲涅尔体地震层析成像理论与方法进行了系统论述；二是对地震层析成像在实际应用中存在的问题提出了相应的改进措施与策略。

第一点创新包括：

(1) 基于有限频层析核函数的研究和推导，重新定义了菲涅尔体的空间分布范围，即二维振幅、三维振幅、二维走时、三维走时菲涅尔体的空间分布范围分别为 $T/8$,$2T/8$,$3T/8$ 与 $4T/8$。同时提出了带限菲涅尔体的概念及带限菲涅尔体的计算方法;

(2) 基于透射菲涅尔体理论,提出了反射菲涅尔体地震层析成像方法及其实现过程。同时,结合零偏(近偏)剖面,提出了速度、深度交替迭代逐层反演的反射层析策略;

(3) 对波的散射现象进行了精细描述并给出了新的解释,进而对射线层析与菲涅尔体层析的反演能力进行了定性的评价,指出在均匀观测系统假设前提下走时射线层析只能准确反演高速异常体,走时菲涅尔体层析只能准确反演大尺度异常体,低速小尺度异常体无法用基于射线或有限频理论的走时层析成像方法反演出来,而应该利用振幅层析或者波形层析成像方法反演;

第二点创新包括:

(1) 对地震层析成像中存在的应用问题提出了一系列的改进方法及策略,包括初始模型建立方法、不等式约束正则化方法、多偏移距加权层析成像方法、反射与透射串联层析成像策略、高频静校正方法等;

(2) 基于三维射线追踪,而不是传统的层状球对称 PREM 模型,进行了全球三维射线与三维菲涅尔体地震层析成像的应用研究。尤其是三维全球菲涅尔体地震层析成像反演结果揭示了共识的地球内部结构特征,同时揭示了一些新的特征。

5.3 研究的不足及下一步的工作

菲涅尔体不单是一种空间范围,而是具有某种属性值的两点间针对某一震相的地震波主能量的传播范围。除本书的菲涅尔体地震层析成像方法外,菲涅尔体理论还提供了一种新的地震波传播的描述手段,同时它还可以应用于有限频地震偏移成像[151]及速度分析[152]等。因此，菲涅尔体理论对地震波的正反演皆有重要的指导作用。本书研究的只是菲涅尔体理论在地震层析成像反演方法中的应用，因此需要继续研究的内容还很多。即使本书专门针对的是菲涅尔体地震层析成像理论与方法研究，但该研究仍存在不够深入与全面的如下的几个方面：(1) 没有给出菲涅尔体走时的计算方法；(2) 缺乏对波前弥合现象的定量分析与深入研究；(3) 没有对菲涅尔体地震层析成像分辨率的指导作用进行验证；(4) 反射层析中误差累积比较明显；(5) 没有利用另一非常重要的地震属性信息——振幅，甚至波形，进行菲涅尔体地震层析成像方法的应用研究，虽然相应的理论体系已经建立起来；(6) 应用研究部分的三维菲涅尔体地震层析成像的计算量仍然很大，难以反演得到精细的三维速度结构；(7) 没有对层析成像的不确定性进行深入分析；(8) 没有对全球菲涅尔体层析成像结果揭示的新特征进行验证与解释。

针对上述不足，笔者下一步需要在深度与广度上对菲涅尔体理论继续进行研究，具体包括：(1) 研究菲涅尔体走时的计算方法。目前，这个问题在理论上还没有解决，因为有限频理论只给出了介质扰动所产生的走时扰动。笔者下一步准备从射线追踪的扰动理论入手解决这个问题；(2) 深入对波前弥合现象的研究，以更深入地揭示散射机理，指导散射体的层析成像反演，甚至为孔、洞型碳酸盐岩储层的预测提供理论与实验基础；(3) 深入对菲涅尔体地震层析成像分辨率的研究，尤其是从最大似然反演角度对层析成像的不确定性进行分析；(4) 为了节约计算量，反射菲涅尔体地震层析成像中没有进行正则化处理，这是导致误差累积的一个主要因素。随着计算能力的提高，精细正则化处理已经可能，因此，接下来将进行反射菲涅尔体地震层析成像的正则化处理，使其实用化；(5) 走时菲涅尔体地震层析成像方法研究完善后将进行振幅菲涅尔体地震层析成像反演的应用研究，进而研究单独震相的波形菲涅尔体地震层析成像方法。虽然本书已建立起菲涅尔体振幅(波形)地震层析成像方法的理论体系,但它是与菲涅尔体走时层析成像方法并行的另一套方法体系,也是作者今后重要的研究内容;(6) 研究菲涅尔体地震层析成像的快速算法,以获得精细的三维速度结构,进而对全球菲涅尔体层析成像揭示的新特征进行验证与解释。

除此之外,还可以考虑利用菲涅尔体理论指导地震波模拟、波形反演、地震偏移成像与速度分析的研究工作。

参考文献

[1] Liao Qingbo, George A M. Tomographic imaging of velocity and Q, with application to crosswell seismic data from the Gypsy Pilot Site, Oklahoma [J]. Geophysics, 1997, 62(6): 1804 - 1811.

[2] 洪学海,朱介寿,曹家敏,许卓群. 中国大陆地壳上地幔 S 波品质因子三维层析成像[J]. 地球物理学报, 2003, 46(5): 642 - 651.

[3] Nolet G. Seismic wave propagation and seismic tomography[M]//Seismic Tomography with Applications in Global Seismology and Exploration Geophysics. Dordrecht: Reidel Publishing Co. 1987.

[4] Bishop T N, Bube K P, Cutler R T, et al. Tomographic determination of velocity and depth in lateral varying media[J]. Geophysics, 1985, 50(6): 903 - 923.

[5] Peterson John E., Bjorn N P, Paulsson, and Thomas V. McEvilly. Applications of algebraic reconstruction techniques to crosshole seismic data [J]. Geophysics, 1985, 50(10): 1566 - 1580.

[6] Harlan W S. Tomographic estimation of shear velocities from shallow crosswell seismic data[J]. Expanded Abstract of 63th SEG, 1990, 86 - 89.

[7] 杨文采. 地球物理反演的理论与方法[M]. 北京: 地质出版社 1997.

[8] Dziewonski A. Mapping the lower mantle: Determination of lateral

heterogeneous in P-velocity up to degree and order 6 [J]. Journal of Geophysical Research, 1984, 89: 5929 - 5952.

[9] Pulliam R J, Vasco D W, Johnson L R. Tomographic inversions for mantle P-wave velocity structure based on the minimization and norms of International Seismological Centre traveltime residuals [J]. Journal of Geophysical Research, 1993, 98: 699 - 734.

[10] 刘福田,吴华. 中国大陆及其邻近地区的地震层析成像[J]. 地球物理学报, 1989, 32(3): 281 - 291.

[11] 朱介寿. 全球地幔三维结构模型及动力学研究新进展[J]. 地球科学进展, 1996, 11(5): 421 - 431.

[12] Ritsema J, van Heijst H J, Woodhouse John H. Complex shear wave velocity structure imaged beneath Africa and Iceland[J]. Science, 1999, 286(3): 1925 - 1928.

[13] 郭飚,刘启元,陈九辉,等. 青藏高原东北缘-鄂尔多斯地壳上地幔地震层析成像研究[J]. 地球物理学报, 2004, 47(5): 790 - 797.

[14] Sheriff R E, Geldart L P. Exploration seismology, 1982, Vol. 1: Cambridge Univ. Press.

[15] Zhu Xianhuai, Sixta D P, Angstman B G. Tomostatics: Turning-ray tomography+static corrections[J]. The Leading Edge, 1992, 11: 15 - 23.

[16] 李录明,罗省贤,赵波. 初至波表层模型层析反演[J]. 石油地球物理勘探, 2000, 35(5): 559 - 564.

[17] Chang Xu, Liu Yike, Wang Hui, et al. 3D tomographic static correction[J]. Geophysics, 2002, 67(4): 1275 - 1285.

[18] 刘玉柱,董良国. 初至波走时层析中的正则化方法[J]. 石油地球物理勘探, 2007, 42(6): 682 - 685, 698.

[19] 刘玉柱,董良国. 近地表速度结构初至波层析影响因素分析[J]. 石油地球物理勘探, 2007,42(5): 544 - 553.

[20] Billette F, Lambare G. Velocity macro-model estimation from seismic

reflection data by stereo-tomography[J]. Geophysical Journal International, 1998, 135(2): 671 - 680.

[21] Harris J M, Nolen-Hoeksema R C, Langan R T, et al. High-resolution crosswell imaging of a west Texas carbonate reservoir: Part 1-Project summary and interpretation[J]. Geophysics, 1995, 60(3): 667 - 681.

[22] 陈賨,张中杰,滕吉文,王光杰. 井间地震数据直达波走时层析成像[J]. CT理论与应用研究,2000, 9(z1): 60 - 66.

[23] Chen Xiaohong, Yongguang Mu. Nonlinear Wave Equation Inversion of VSP Data[C]. The First International Conference "Inverse Problems: Modeling and Simulation", 2002, Turkey.

[24] Al-Yahya K. Velocity analysis by iterative profile migration [J]. Geophysics, 1989, 54(6): 718 - 729.

[25] Chauris H, Noble M S, Lambare G, et al. Migration velocity analysis from locaaly coherent events in 2. D laterally heterogeneous media, Part Ⅰ: Theoretical aspects[J]. Geophysics, 1992, 67: 1202 - 1212.

[26] Liu Zhenyue, Bleistein N. Migration velocity analysis: Theory and an iterative algorithm[J]. Geophysics, 1995, 60(1): 142 - 153.

[27] Vasco D W, Majer E L. Wavepath traveltime tomography[J]. Geophysical Journal International, 1993, 115: 1055 - 1069.

[28] Marquering H, Dahlen F A, Nolet G. Three-dimensional sensitivity kernels for finite-frequency traveltimes: the banana-doughnut paradox [J]. Geophysical Journal International, 1999, 137: 805 - 815.

[29] Marquering H, Nolet G, Dahlen F A. Three-dimensional waveform sensitivity kernels [J]. Geophysical Journal International, 1998, 132: 521 - 534.

[30] Langan R T, Lerchel I, Cutler R T. Tracing of rays through heterogeneous media: An accurate and efficient procedure[J]. Geophysics, 1985, 50(9): 1456 - 1465.

[31] Aki K, Richards P G. Quantitative Seismology, 2nd Edition [M]. Saulsalito: University Science Books, 2002.

[32] Berryman J G. Fermat's principle and nonlinear traveltime tomography[J]. Physical Review Letters, 1989, 62(25): 2953 - 2956.

[33] Zhu Tianfei, Kin-Yip Chun. Understanding finite-frequency wave phenomena: phase-ray formulation and inhomogeneity scattering [J]. Geophysical Journal International, 1994, 119: 78 - 90.

[34] Kravtsov Y A, Orlov Y I. Geometrical optics of inhomogeneous media[J].

[35] Woodward M J. Wave-equation tomography[J]. Geophysics, 1992, 57(1): 15 - 26.

[36] Wielandt E. On The validity of the ray approximation for interpreting delay times[M]//Seismic Tomography, Reidel Publishing Company, 1987.

[37] Devaney A J. Geophysical diffraction tomography[J]. IEEE Transactions on Geoscience and Remote Sensing, 1984, GE - 22(1): 3 - 13.

[38] Tarantola A. Inversion of seismic data in acoustic approximation [J]. Geophysics, 1984, 49(8): 1259 - 1266.

[39] Tarantola A. Inverse problem theory, methods for data fitting and model parameter estimation[M]. New York: Elsevier, 1987.

[40] Wu R S, Toksöz M N. Diffraction tomography and multisource holography applied to seismic imaging[J]. Geophysics, 1987, 52(1): 11 - 25.

[41] Mora P. Nonlinear two-dimensional elastic inversion of multioffset seismic data[J]. Geophysics, 1987, 52(9): 1211 - 1228.

[42] Pratt R G, Goulty N R. Combining wave-equation imaging with traveltime tomography to form high-resolution images from crosshole data [J]. Geophysics, 1991, 56(2): 208 - 224.

[43] Williamson P R. A guide to the limits of resolution imposed by scattering in ray tomography[J]. Geophysics, 1991, 56(2): 202 - 207.

[44] Sheng Jianming, Leeds A, Buddensiek M, et al. Early arrival waveform

tomography on near-surface refraction data[J]. Geophysics, 2006, 71(4): 47 - 57.

[45] Pratt R G. Gauss-Newton and full Newton methods in frequency-space seismic waveform inversion[J]. Geophysical Journal International, 1998, 133: 341 - 362.

[46] Sirgue L, Pratt R G. Efficient waveform inversion and imaging: A strategy for selecting temporal frequencies[J]. Geophysics, 2004, 69(1): 231 - 248.

[47] Freudenreich Y, Singh S. Full waveform inversion for seismic data-frequency versus time domain[C]//62nd Meeting, European Association of Geoscientists and Engineers, 2000, C0054.

[48] Tarantola A. A strategy for nonlinear elastic inversion of seismic reflection data[J]. Geophysics, 1986, 51(10): 1893 - 1903.

[49] Zhou Changxi, Schuster G T. Elastic wave equation traveltime and waveform inversion of crosshole data[J]. Geophysics, 1997, 62(3): 853 - 868.

[50] Bunks C, Saleck F M, Zaleski S, et al. Multiscale seismic waveform inversion[J]. Geophysics, 1995, 60(5): 1457 - 1473.

[51] Pratt R G, Worthington M H. Inverse theory applied to multi-source cross-hole tomography I: Acoustic wave-equation method [J]. Geophysical Prospecting, 1990, 38: 287 - 310.

[52] Tikhonov A N, Arsenin V Y. Solution of Ⅲ-posed Problems[M]. New York: John Wiley, 1977.

[53] Xu Sheng, Yu Zhang, Tony Huang. Enhanced tomography resolution by a fat ray technique [M]//76th SEG expanded abstract, 2006. Society of Exploration Geophysicists, 2006: 3354 - 3357.

[54] Luo Y, Schuster G T. Wave-equation traveltime inversion[J]. Geophysics, 1991, 56(5): 645 - 653.

[55] Schuster G T, Quintus-Bosz A. Wavepath eikonal traveltime inversion:

Theory[J]. Geophysics, 1993, 58(9): 1314 - 1323.

[56] Hagedoorn J G. A process of seismic reflection interpretation [J]. Geophysical Prospecting, 1954, 2: 85 - 127.

[57] Červený V, Soares J E P. Fresnel volume ray tracing[J]. Geophysics, 1992, 57(7): 902 - 915.

[58] Moser T J. Efficient seismic ray tracing using graph theory [M]//SEG Technical Drogram Expanded: 60th Ann. Abstracts 1989. Society of Exploration Geophysicists, 1989: 1106 - 1108.

[59] Harlan W S. Simultaneous velocity filtering of hyperbolic reflections and balancing of offset-dependent wavelets [J]. Geophysics, 1989, 54 (11): 1455 - 1465.

[60] Michelena R J, Harris J M. Tomographic traveltime inversion using natural pixels[J]. Geophysics, 1991, 56: 635 - 644.

[61] Vasco D W, Peterson J E, Majer E L. Beyond ray tomography: Wavepaths and Fresnel volumes[J]. Geophysics, 1995, 60(6): 1790 - 1804.

[62] Slaney M, Kak A C, Larsen L. Limitations of imaging with first-order diffraction tomography [J]. IEEE Transactions on Microwave Theory and Techniques, 1984, MTT - 32: 860 - 873.

[63] Snieder R. Lomax A. Wavefield smoothing and the effect of rough velocity perturbations on arrival times and amplitudes [J]. Geophysical Journal International, 1996, 125: 796 - 812.

[64] Spetzler G, Snieder R. The effect of small-scale heterogeneity on the arrival time of waves[J]. Geophysical Journal International, 2001, 145: 786 - 796.

[65] Spetzler G, Snieder R. The fresnel volume and transmitted waves [J]. Geophysics, 2004, 69(3): 653 - 663.

[66] Dahlen F A, Hung S H, Nolet G. Fréchet kernels for finite-frequency traveltimes — I. Theory[J]. Geophysical Journal International, 2000, 141: 157 - 174.

[67] Dahlen F A. Finite-frequency sensitivity kernels for boundary topography perturbations[J]. Geophysical Journal International, 2005, 162: 525 - 540.

[68] Hung S H, Dahlen F A, Nolet G. Wavefront healing: a banana-doughnut perspective[J]. Geophysical Journal International, 2001, 146: 289 - 312.

[69] Zhang Z G, Shen Y, Zhao L. Finite-frequency sensitivity kernels for head waves[J]. Geophysical Journal International, 2007, 171: 847 - 856.

[70] Clapp R G, Biondo B, Claerbout J F. Incorporating geologic information into reflection tomography[J]. Geophysics, 2004, 69(2): 533 - 546.

[71] Fomel S. Shaping regularization in geophysical-estimation problems[J]. Geophysics, 2007, 72(2): R29 - R36.

[72] 陈国金,高志凌,吴永栓.井间地震层析成像中自动生成初始速度模型的方法研究[J].石油物探, 2005, 44(4): 339 - 342.

[73] 杨锴,程玖兵,刘玉柱,等.三维波动方程基准面校正方法的应用研究[J].地球物理学报,2007, 50(4): 1232 - 1240.

[74] Zhou Huawei. Multiscale traveltime tomography[J]. Geophysics, 2003, 68(5): 1639 - 1649.

[75] Zhou Huawei. First-break vertical seismic profiling tomography for Vinton Salt Dome[J]. Geophysics, 2006, 71(3): U29 - U36.

[76] Zhou Huawei, Li Peiming, Yan Zhihui, et al. Constrained deformable layer tomostatics[J]. Geophysics, 2009, 76: WCB35 - WCB46.

[77] Li Peiming, Zhihui Yan, Mingjie Guo, et al. 2D deformable -layer tomostatics with the joint use of first breaks and shallow reflections[J]. SEG Meeting, 2009.

[78] Liu Y Z, Dong L G. Sensitivity kernels and Fresnel volumes for transmitted waves[C]. 78th Annual International Meeting, SEG, Expanded Abstracts, 2008, 3234 - 3238.

[79] Jocker J, Spetzler J, Smeulders D, et al. Validation of first-order diffraction theory for the traveltimes and amplitudes of propagating waves[J].

Geophysics, 2006, 71(6): 167 - 177.

[80] 刘玉柱,董良国,王毓玮,等. 初至波菲涅尔体地震层析成像[J]. 地球物理学报, 2009, 52(9): 2310 - 2320.

[81] Liu Yuzhu, Dong Liangguo, Wang Yuwei, et al. Sensitivity kernels for seismic Fresnel volume tomography[J]. Geophysics, 2009, 74(5): U35 - U46.

[82] Nolet G, Dahlen F A. Wave front healing and the evolution of seismic delay times[J]. Journal of Geophysical Research, 2000, 105: 19043 - 19054.

[83] Thore P D, Juliard C. Fresnel zone effect on seismic velocity resolution[J]. Geophysics, 1999, 64(2): 593 - 603.

[84] 马在田. 反射地震成像分辨率的理论分析[J]. 同济大学学报, 2005, 33(9): 1144 - 1153.

[85] Williamson P R, Worthington M H. Resolution limits in ray tomography due to wave behavior: Numerical experiments[J]. Geophysics, 1993, 58(5): 727 - 735.

[86] 曹俊兴, 严忠琼. 地震波跨孔旅行时层析成像分辨率的估计[J]. 成都理工学院学报, 1995, 22(4): 95 - 101.

[87] 裴正林,余钦范,狄帮让. 井间地震层析成像分辨率研究[J]. 物探与化探, 2002, 26(3): 218 - 224.

[88] Schuster G T. Resolution limits for crosswell migration and traveltime tomography[J]. Geophysical Journal International, 1996, 127: 427 - 440.

[89] 姚姚. 地球物理反演基本理论与应用方法[J]. 中国地质大学出版社, 2005.

[90] Watanabe T, Matsuoka T, Ashida Y. Seismic traveltime tomography using Fresnel volume approach[J]. SEG Expanded Abstracts, 1999, 18: 1402 - 1406.

[91] Sheng Jianming, Schuster G T. Finite-frequency resolution limits of wave path traveltime tomography for smoothly varying velocity[J]. Geophysics, 2003, 152: 669 - 676.

[92] Weber M. Computation of body-wave seismograms in absorbing 2. D media using the Gaussion beam method: Comparison with exact methods[J]. Geophysical Journal International, 1988, 92: 9 - 24.

[93] Pratt R G. Frequency-domain elastic wave modeling by finite differences: A tool for crosshole seismic imaging(short note): Geophysics, 1990, 55: 626 - 632.

[94] Pratt R G. Seismic waveform inversion in the frequency domain, Part 1: Theory and verification in a physical scale model[J]. Geophysics, 1999, 64(3): 888 - 901.

[95] Jo C-H, Shin C, Suh J H. An optimal 9-point, finite-difference, frequency-space, 2-D scalar wave extrapolator[J]. Geophysics, 1996, 61(2): 529 - 537.

[96] Shin C. A frequency-space 2 - D scalar wave extrapolator using extended 25-point finite-difference operator[J]. Geophysics, 1998, 63(1): 289 - 296.

[97] Červený V. Seismic ray theory[M]. Cambridge University Press, 2001.

[98] Vidale J E, Houston H. Rapid calculation of seismic amplitudes[J]. Geophysics, 1990, 55(11): 1504 - 1507.

[99] Popov M M, Psencik I. Computation of ray amplitudes in inhomogeneous media with cured interfaces[J]. Studia Geoph. et Geod. 1978, 22: 58 - 248.

[100] 董良国.地震波数值模拟与反演中几个关键问题研究[D].上海:同济大学,2003.

[101] 刘玉柱.混合优化法地震波形反演[D].上海:同济大学,2004.

[102] 段心标,金维浚.井间地震层析成像初始速度模型[J].地球物理学进展,2007,22(6):1831 - 1835.

[103] Jannane M, Beydoun W, Crase E, et al. Trezeguet and M. Xie. Wavelengths of earth structures that can be resolved from seismic reflection data[J]. Geophysics, 1989, 54(7): 906 - 910.

[104] Harlan W S. Regularization by model redefinition[EB/OL]. [1995].

http://billharlan-. com/pub/papers/regularization. pdf.
[105] Bube K. Langan R. On a continuation approach to regularization for crosswell tomography[J]. Expanded Abstracts of 69th SEG Mtg, 1999, 1295 - 1298.
[106] Zhou H, Zhang Y, Gray S H, Zhang G Q. Regularization algorithms for seismic inverse problem[J]. Expanded Abstracts of 72nd SEG Mtg, 2002, 942 - 945.
[107] 王振宇,刘国华. 走时层析成像的迭代 Tikhonov 正则化反演研究[J]. 浙江大学学报(工学版), 2005, 39(2): 259 - 263.
[108] Liu Y Z, Dong L G. Regularizations in first arrival tomography[C]//Near Surface, 2007.
[109] Clapp R G, Biondi B L, Fomel S, et al. Claerbout. Regularizing velocity estimation using geologic dip information[J]. Expanded Abstracts of 68th SEG Mtg, 1998, 1851 - 1854.
[110] Stork C, Clayton R W. Linear aspects of tomographic velocity analysis[J]. Geophysics, 1991, 56(4): 483 - 495.
[111] Tarantola A. Valette B. Generalized non-linear inverse problems solved using the least-squares criterion[J]. Reviews of Geophysics and Space Physics, 1982, 20(2): 219 - 232.
[112] 成谷. 地震反射走时层析理论与应用研究[D]. 上海: 同济大学, 2004.
[113] Schuster G T. Fermat's interferometric principle for target-oriented traveltime tomography[J]. Geophysics, 2005, 70(4): U47 - U50.
[114] Min D-J, Shin C. Refraction tomography using a waveform-inversion back-propagation technique[J]. Geophysics, 2006, 71(3): R21 - R30.
[115] Ivanov J. Joint analysis of refractions with surface waves: An inverse solution to the refraction-traveltime problem[J]. Geophysics, 2006, 71(6): R131 - R138.
[116] 李录明,罗省贤. 复杂三维表层模型层析反演与静校正[J]. 石油地球物理勘

探，2003,38(6)：636－641.

[117] 井西利，杨长春，李幼铭. 建立速度模型的层析成像方法研究[J]. 石油物探，2002，41(1)：72－75.

[118] Shtivelman V. Kinematic inversion of first arrivals of refracted waves-A combined approach[J]. Geophysics，1996，61(2)：509－519.

[119] 杨海申，蒋先艺，高彦林，汪流国. 复杂区三维折射静校正技术与应用效果[J]. 石油地球物理勘探，2005，40(2)：219－225.

[120] Ding Kongyun，Liu Yuzhu，Liangguo Dong. Dependence of first-arrival tomography on a start model[M]// 79th SEG expanded abstract，2009，4075－4079.

[121] Cox Mike. Static corrections for seismic reflection surveys [M]. SEG，1999.

[122] Dave M. Static corrections-a review[J]. The Leading Edge，1993，1：43－49.

[123] 赵峰，郑鸿明，杨晓海，常玉蓉. 地震数据处理中静校正对动校正速度的影响[J]. 新疆石油地质，2004，25(4)：390－393.

[124] Frei W. Refined field static corrections in near-surface reflection profiling across rugged terrain[J]. The Leading Edge，1995，4：259－262.

[125] 刘治凡. 基于浮动基准面的两步法静校正[J]. 石油物探，1998，37(1)：136－142.

[126] Feng Zeyuan. Static correction technique by intermediate reference datum and analysis of application on complex mountain areas[J]. Oil Geophysical Prospecting(special issue)，2002.

[127] 程玖兵，刘玉柱，马在田，等. 山前带地震数据的波动方程叠前深度偏移方法[J]. 天然气工业，2007，27(2)：38－39，48.

[128] Yang Kai，Hong-Ming Zheng，Li Wang，et al. Application of an integrated wave-equation datuming scheme to overthrust data：A case history from the Chinese foothills[J]. Geophysics，2009，74(5)：B153－B165.

[129] 郑鸿明,杨晓海,崔琴,等.基准面校正的理论研究及误差分析[J].新疆地质,2005,23(1):79-81.

[130] 王华忠,蔡杰雄,刘少勇.非水平地表情况下叠前地震数据偏移成像处理方法与技术[C].复杂山前带地震勘探技术研讨会论文集,2010,165-178.

[131] 林伯香.最小静校正误差基准面方法[J].石油地球物理勘探,2003,38(6):611-617.

[132] He Jiao, Liu Yuzhu, Geng Jianhua. The study and analysis of floating datum selection for rugged terrain[J]. Applied geophysics, 2007, 4(2): 101-110.

[133] Dyment J, Jian Lin and Baker E T. Ridge-hotspot interactions: what mid-ocean ridges tell us about deep earth processes[J]. Oceanography, 2007, 20(1): 102-115.

[134] Montelli R, Nolet G, Masters G, et al. Finite-frequency tomography reveals a variety of plumes in the mantle[J]. Science, 2004, 303: 338-343.

[135] Montelli R, Nolet G, Dahlen F A, et al. A catalogue of deep mantle plumes: New results from finite-frequency tomography[J]. Geochemistry Geophysics Geosystems, 2006, 7: Q11007.

[136] Van der Hilst R D, Widiyantoro S, Engdahl R L. Evidence for deep mantle circulation from global tomography[J]. Nature, 1997, 386: 578-584.

[137] Tian Y, Zhao D P, Sun R M, et al. Seismic imaging of the crust and upper mantle beneath the North China Craton[J]. Physics of the Earth and Planetary Interiors, 2009, 172(3): 169-182.

[138] Chevrot S. Finite-frequency vectorial tomography: a new method for high-resolution imaging of upper mantle anisotropy[J]. Geophysical Journal International, 2006, 165(2): 641-657.

[139] Forsyth D W, Scheirer D S, Webb S C, et al. Imaging the deep seismic structure beneath a mid-ocean ridge: The MELT experiment[J]. Science,

1998, 280(5637): 1215 - 1218.

[140] Forsyth D W, Nicholas Harmon, Daniel S. Scheirer and Robert A. Duncan. Distribution of recent volcanism and the morphology of seamounts and ridges in the GLIMPSE study area: Implications for the lithospheric cracking hypothesis for the origin of intraplate, non-hot spot volcanic chains [J]. Journal of Geophysical Research, 2006, 111: B11407 - B11425.

[141] Courtillot V, Davaille A, Besse J, et al. Three distinct types of hotspots in the Earth's mantle[J]. Earth and Planetary Science Letters, 2003, 205: 295 - 308.

[142] Romanowicz B. The thickness of tectonic plates[J]. Science, 2009, 324 (5926): 474 - 476.

[143] Song X D, Richards P G. Seismological evidence for differential rotation of the Earth's inner core[J]. Nature, 1996, 382: 221 - 224.

[144] Huang Z X, Li H Y, Zheng Y J, et al. The lithosphere of North China Craton from surface wave tomography[J]. Earth and Planetary Science, 2009, 288(1): 164 - 173.

[145] Nishida K, Montagner J P, Kawakatsu H. Global Surface Wave Tomography Using Seismic Hum[J]. Science, 2009, 326: 112.

[146] Zheng S H, Sun X L, Song X D, et al. Surface wave tomography of China from ambient seismic noise correlation [J]. Geochemistry Geophysics Geosystems, 2008, 9: Q05020.

[147] Panning M P, Nolet G. Surface wave tomography for azimuthal anisotropy in a strongly reduced parameter space [J]. Geophysical Journal International, 2008, 174(2): 629 - 648.

[148] Bensen G D, Ritzwoller M H, Shapiro N. M. Broadband ambient noise surface wave tomography across the United States [J]. Journal of Geophysical Research, 2008, 113(B5): B05306.

[149] Lebedev S, Van der Hilst R D. Global upper-mantle tomography with the

automated multimode inversion of surface and S-wave forms [J]. Geophysical Journal International, 2008, 173(2): 505 - 518.

[150] 傅容珊.地球动力学[M].北京：高等教育出版社，2001.

[151] Sun H, Schuster G T. 2 - D wavepath migration[J]. Geophysics, 2001, 66(5): 1528 - 1537.

[152] Xie Xiao-Bi, Hui Yang. The finite -frequency sensitivity kernel for migration residual moveout and its applications in migration velocity analysis[J]. Geophysics, 2008, 73(6): S241 - S249.

附录　带限菲涅尔体层析与射线层析之间的关系

本附录通过均匀介质层析核函数的解析表达式，导出单频、带限菲涅尔体层析与射线层析之间的关系，同时证明当频率趋向于无穷时走时菲涅尔体层析可以退化为射线层析。

二维单频走时层析核函数(式(2-27a))沿中心射线任意一条垂线的线积分(图 A1)可以表达为式(A1)，

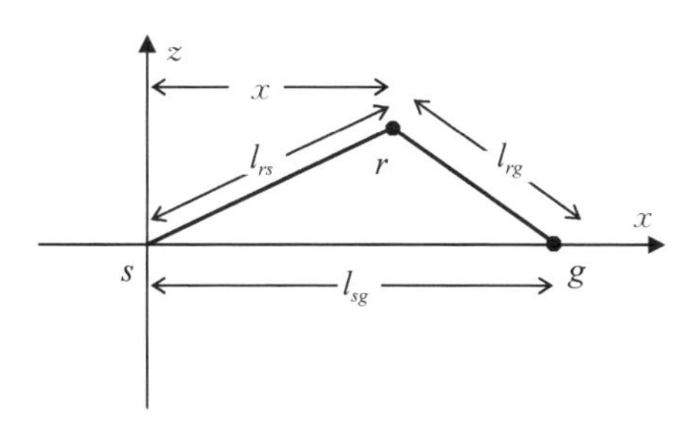

图 A1　均匀介质单点激发单点接收示意图

$$\int_{-\infty}^{+\infty} K_T^{2D}(x,\ z,\ \omega)\mathrm{d}z = \int_{-\infty}^{+\infty}\sqrt{\frac{l_{sg}\omega}{2\pi v l_{rs} l_{rg}}}\sin\left(\omega\Delta t + \frac{\pi}{4}\right)\mathrm{d}z$$

$$= \int_{-\infty}^{+\infty}\sqrt{\frac{L\omega}{2\pi v\sqrt{x^2+z^2}\sqrt{(L-x)^2+z^2}}}$$

$$\sin\left(\omega\frac{\sqrt{x^2+z^2}+\sqrt{(L-x)^2+z^2}-L}{v}+\frac{\pi}{4}\right)\mathrm{d}z \tag{A1}$$

上式中,L 为炮检点的距离,等于 l_{sg}(图 A1)。在远场假设条件下 $z/x \ll 1$ 与 $z/(L-x) \ll 1$ 成立,对 $\sqrt{x^2+z^2}$ 与 $\sqrt{(L-x)^2+z^2}$ 进行 1 阶 Taylor 展开,对 $1/\sqrt{x^2+z^2}$ 与 $1/\sqrt{(L-x)^2+z^2}$ 进行 0 阶 Taylor 展开,可以得到公式(A2):

$$\int_{-\infty}^{+\infty}K_T^{2D}(x,\ z,\ \omega)\mathrm{d}z \approx \int_{-\infty}^{+\infty}\sqrt{\frac{L\omega}{2\pi v x(L-x)}}\sin\left(\frac{L\omega z^2}{2x(L-x)v}+\frac{\pi}{4}\right)\mathrm{d}z = 1 \tag{A2}$$

式(A2)与频率无关,即带限走时层析核函数沿中心射线垂线的线积分也等于 1。将式(A2)代入方程(2-15b)得到表达式(A3):

$$\Delta\tau = \int_V K_T(r)\Delta s(r)\mathrm{d}r = \int_0^L \Delta s(x)\int_{-\infty}^{+\infty}K_T^{2D}(x,\ z)\mathrm{d}z\mathrm{d}x = \int_0^L \Delta s(x)\mathrm{d}x \tag{A3}$$

上式表明,在菲涅尔体层析中,核函数相当于一种权函数,它衡量了空间不同点的慢度扰动对接收信息的影响程度。对单一的一个炮检对来说,射线层析中只有射线路径上点的慢度扰动才对接收信息产生影响,而且影响权重恒为 1,射线路径之外的所有点对接收信息没有影响。而基于有限频理论的菲涅尔体层析成像中,菲涅尔体内的所有点都对接收信息产生影响,而且影响权重互不相同。由 2.2 节可知,频率越高菲涅尔体越"瘦",当频率趋向于无穷时,菲涅尔体退化为"胖度"为零的射线,菲涅尔体层析即等同于射线层析(见式(A3)右端项)。

同理可以证明,三维走时层析核函数沿中心射线垂面的面积分也等于 1,三维走时菲涅尔体与射线、三维走时菲涅尔体层析与射线层析同样具有上述性质。

二维单频振幅层析核函数(式(2－26a))沿中心射线任意一条垂线的线积分(图 A1)可以表达为式(A4)：

$$\int_{-\infty}^{+\infty} K_A^{2D}(x, z, \omega)\mathrm{d}z = \int_{-\infty}^{+\infty} A_0(\omega, g \mid s)\sqrt{\frac{l_{sg}\omega^3}{2\pi v l_{rs} l_{rg}}}\cos\left(\omega\Delta t + \frac{\pi}{4}\right)\mathrm{d}z$$

$$= A_0(\omega, g \mid s)\int_{-\infty}^{+\infty}\sqrt{\frac{L\omega^3}{2\pi v\sqrt{x^2+z^2}\sqrt{(L-x)^2+z^2}}}$$

$$\cos\left(\omega\frac{\sqrt{x^2+z^2}+\sqrt{(L-x)^2+z^2}-L}{v}+\frac{\pi}{4}\right)\mathrm{d}z \tag{A4}$$

采用与上面相同的近似 Taylor 展开,可以进一步得到方程(A5)：

$$\int_{-\infty}^{+\infty} K_A^{2D}(x, z, \omega)\mathrm{d}z$$

$$\approx A_0(\omega, g \mid s)\int_{-\infty}^{+\infty}\sqrt{\frac{L\omega^3}{2\pi v x(L-x)}}\cos\left(\frac{L\omega z^2}{2x(L-x)v}+\frac{\pi}{4}\right)\mathrm{d}z = 0 \tag{A5}$$

式(A5)同样与频率无关,即带限振幅层析核函数沿中心射线垂线的线积分也等于零。同理可以证明,三维振幅层析核函数沿中心射线垂面的面积分也等于零。

后 记

我本人是兼职进行博士研究工作的，也就是说，平时既要完成多项本职工作，又要进行博士论文的研究，因此感觉非常辛苦。然而正是这五年的辛苦培养了我高效的工作效率、锲而不舍的钻研精神及科学的研究方法。这五年中，无论是生活上、学习上，还是工作上，我都发生了巨大的变化。一路走来，我要感谢曾经或者一直在教育我，帮助我，关心我的老师、同事、亲人和朋友。

首先衷心地感谢我的导师马在田院士。马老师给了我很多的教育和启发，从他身上学到的不仅是知识，更多的是学习的方法，研究的方法，做人的道理和不可或缺的精神；马老师还为我创造了优越的研究环境和自由的发展空间，甚至亲手为我解决生活中的困难，使我能够全身心地投入科研当中。但遗憾的是，我离马老师的要求还有太大的差距，虽然我还不够优秀，但马老师给我的必将成就我的优秀！在此衷心祝愿马老师身体健康！

此外，我还特别感谢董良国教授。董老师是我的良师益友，是他指引我走向反演的道路，并将我引进门；感谢他一直启发我，教育我，使我能够正确地掌握科研方向；尤其感谢董老师一直相信我，鼓励我，在我要放弃的时候，他却没有放弃；同时感谢董老师在工作中、生活上给我的无私的帮助与支持。

感谢曹景忠教授对我学习、科研、工作及生活上的关心和释疑，使我能够顺利完成博士论文。

感谢王华忠教授。王老师在我论文期间，给予了很多建设性的建议和指导，使我的论文少走了很多弯路。

感谢耿建华教授给我扩展研究空间的机会，以及对我经费上的资助。

感谢钟广法教授给我项目研究方面的经验及地质方面的认识，丰富了我的论文内容，开阔了我的思路。

感谢刘堂晏教授丰富了我对测井及岩石物理学方面的认识。

感谢杨锴、程玖兵副教授，他们平时给了我很多帮助，无论是在工作、科研还是生活当中。他们甚至还给了我很多经费上的资助。他们忘我拼搏、求真务实的科研精神也一直是我学习的榜样。

感谢杨挺与薛梅副教授在地球动力学与全球地震学方面的教育与启发，同时感谢他(她)们在地震数据整理、反演结果成图与解释方面的帮助。

感谢王和平老师对我日常生活的关心和照顾，使我能有更多的精力和更好的精神面貌去从事论文工作。

感谢我的学生及我指导过的学生何皎、朱金平、王毓玮、潘艳梅、杨积忠、赵崇进。他们的工作同时也是对我论文内容的启发与补充。尤其感谢杨积忠与赵崇进，他们为我的论文的部分章节做了很多编程与实验性的工作。同时也感谢曾在和正在地震组学习的其他全体学生，他们为我做了很多琐碎的工作，他们的研究也丰富了我的认识。

感谢我的父母和我的妻子，他们一直默默地支持着我，帮助打理家务，照顾孩子，让我有更多的时间和精力在工作上。

最后，感谢国家自然科学基金(批准号：40804023)、同济大学海洋地质国家重点实验室课题(批准号：MG20080205)、教育部“新世纪优秀人才支持计划”(批准号：NCET—05—0384)、国家重点基础研究发展规划项目(编号：2006CB202402)、国家高技术研究发展计划(批准号：2008AA093001)、国家科技重大专项(2008ZX05005—005—007HZ)、中石化“南方海相碳酸盐岩油气区地震勘探关键技术与地震地质一体化研究”等项目的共同资助。

刘玉柱